태종호 太宗鎬

통일직설 統一直說

국립중앙도서관 출판시도서목록(CIP)

(태종호의) 통일직설 / 지은이: 태종호. -- 서울 : 한누리미디어, 2018
p. ; cm

권말부록 : 7.4 남북공동성명(전문) 등
ISBN 978-89-7969-771-1 03390 : ₩15000

남북 통일[南北統一]

340.911-KDC6
320.9519-DDC23 CIP2018002700

태종호太宗鎬의

# 통일 직설

한누리미디어

우리 한민족의 역사를 살펴보면 외세의 침략과 수탈로 인한 시련이 그치지 않았다. 지정학적 위치가 대륙세력과 해양세력의 사이에 놓여 끊임없는 도전과 응전의 격전장이 되어 왔다. 그 중에서도 특히 근현대사는 참으로 파란만장했다. 20세기에 들어 결국 나라까지 송두리째 침탈당한 치욕을 감내해야만 했고 혹독한 시련과 암울한 혼돈의 시기를 보냈다. 돌이켜 보면 일제의 식민통치와 한국전쟁 등 참담했던 난관을 극복하고 고난의 역경을 이겨낼 수 있었던 것은 애국선열들의 독립 호국정신과 근면 성실한 국민들의 피와 땀의 결과였다.

그 정신과 힘으로 우리는 빈곤도 해결하고 독재도 청산하며 산업화와 민주화의 장벽을 넘어 '한강의 기적'을 이루었다. 이는 전후 수많은 신생 독립국들이 아무도 이루지 못한, 전 세계의 귀감이 될 놀라운 성과임에 틀림없는 일이다. 그러나 우리에겐 아직 한 가지 풀지 못한 응어리가 남아있다. 두 쪽으로 동강난 조국을 광복 70년이 지나도록 원상대로 회복하지 못한 것이다.

남과 북은 타의에 의한 분단으로 오랜 세월동안 체제를 경쟁하고 반목하는 상태가 지속되어 왔다. 그 사이에 많은 것들이 이질화 되었고 미래에 대한 불확실성만 커지고 있다. 통일에 대한 피로감 때문에 통일 논의는 점차 잦아들고 평화적 분단을 선호하는 현상마저 나타나고 있다. 한동안 화해의 노력으로 금강산관광사업, 개성공단 조성과 같은 공동체 경험을 축적하였으나 또다시 서로 등을 돌리고 파국적 군비경쟁으로 민족의 동력을 낭비하고 있다. 세계는 지구촌 마지막 냉전지역이며 북핵으로 인한 전쟁 위험지역으로 한반도를 주목하고 있다. 참으로 부끄럽고 한스러운 일이다.

지금 우리는 21세기를 살고 있다. 우리에게 주어진 시대적 과제는 조국통일이다. 이보다 더 중한 일은 없다. 불굴의 정신을 되살려 분단을 해소하고 민족의 정체성을 회복해야 한다. 반듯하고 온전한 나라를 만들어 후손에게 물려주어야 한다. 대륙을 호령했던 고구려와 발해의 꿈도 실현시켜야 한다. 지금 우리는 냉철한 이성으로 한반도의 미래를 설계해야 할 때다. 더 늦기 전에 민족의 모든 역량과 지혜를 모아야 한다. 과거 분단국이었던 다른 나라들은 방식은 달랐지만 모두 통일을 이루었다.

지구상에서 우리 한반도가 유일한 분단국이다. 언제까지 혈육이 서로 총구를 겨누며 살아갈 것인가. 저자는 가끔 한반도의 전직 지도자들이 저승에서 회동하고 있다면 만나서 무슨 이야기들을 나누고 있을까? 한반도 평화통일을 해결하지 못한 것에 대한 회한을 가지고 있지는 않을까? 하는 생각을 해 본다.

독일 통일의 주역 빌리 브란트는 '독일이 분단되어 있는 한 우리는 국가가 아니다. 통일된 하나의 국가를 포기한다는 것은 우리 민족의 자살이고 민주주의에 대한 배반이 될 것이다' 라는 신념을 꺾지 않았다. 그리고 통일을 이루었다. 그렇다. 우리도 반드시 조국통일을 이루어야 한다. 결코 쉽지 않은 여정이 될 것이다. 북핵문제 해결, 주변국들의 견

열암 송정희 선생의 출간 휘호

제, 정체성의 차이로 인한 남남갈등이 끈질기게 발목을 잡을 것이다.

그러나 그 길이 비록 사막에서 바늘을 찾는 것처럼 험난할지라도 결코 멈추어서는 안 된다. 다른 나라가 통일을 만들어 줄 것이라고 기대해서도 안 된다. 통일은 우리 스스로의 힘으로 이루어야 한다. 통일을 앉아서 기다려서도 안 된다. 준비하고 행동하여 쟁취하는 통일이어야 한다. 낙숫물이 바위를 뚫는다는 신념으로 남북이 지혜를 모은다면 조국통일은 결코 꿈이 아닌 현실이 될 것이라 믿는다.

이 책은 이론서가 아니다. 저자가 남북문제와 통일문제에 대해 언론사에 기고한 내용들을 정리해 엮은 것이다. 30여 년의 긴 시간을 통일부 통일교육위원으로 활동하면서 전국을 직접 발로 뛰고, 남북을 오가며 체험하고 느낀 분단극복과 바른 통일에 대한 견해를 진솔하게 썼다. 특히 극단적인 시각차가 존재하는 우리 사회의 현상에 대해 편향된 시각을 배제하고 나무 대신 숲을 보려고 노력했음을 밝혀 둔다.

지금 이 시간에도 통일을 위해 애쓰는 많은 분들과 진심으로 통일문제에 관심을 갖기를 바라는 동포들께 작은 도움이라도 된다면 더 이상 바랄 것이 없다.

이 책이 나오기까지 애써주신 한누리미디어 김재엽 대표님, 기꺼이 귀한 휘호를 써주신 열암 송정희 선생님께 감사드리고 오랜 시간 힘이 되어준 가족과, 격려와 충고를 아끼지 않은 강호제현들께도 고마움을 전한다.

단기 4350년 (서기 2017년) 정유년 10월

사성재에서 

# 백두산(白頭山) 천지(天池)

태종호(太宗鎬)

위용과 자태를 뽐내던 청명한 하늘도
빼곡히 들어찬 아름드리 나무들도
갑자기 시야에서 자취를 감추었다

아무 것도 보이지 않고
아무 소리도 들리지 않는
오직 터질 것 같은 거친 심장의 박동소리만을 느끼며
한 걸음 또 한 걸음 천 개의 계단을 오르고도 모자라
또 몇 걸음을 더 걸어 다다른 곳!

아~! 그곳에 나의 탯줄이 숨겨져 있었다
나와 내 어머니, 내 할머니와 그 위 할아버지
우리 백의민족을 품어주고 키워 낸 자궁 속 신비의 물결이
속살을 드러낸 채 넘실대고 있었다

또 다시 호흡은 가빠지고 맥박과 혈관이 요동치고
닫혔던 눈과 귀가 함께 열리었다

한반도가 하나 되어 하늘이 미소 짓고
산과 바다와 나무와 파도가 함께 어우러져
덩실덩실 춤추는 모습이
짙푸른 물속에 투영되어 환하게 비치었다

그러나 한 순간이었다
천지는 다시 정적의 늪속으로 빠져들어 말이 없었다
몇 천 년 아~니 몇 만 년을 이어 온
국토의 뿌리여! 민족의 시원이여!
그 침묵과 고요가 온몸이 시리도록 두렵다

천지는 지금 우리에게 무얼 말하고자 함인가?

甲午年 2014년 9월 중순
백두산 천지에 올라

## 차례



## 1부 _ 남북관계 정상화를 위한 선택



## 2부 _ 북핵문제의 근원적 해법

Contents

차례

## 4부 _ 성찰이 필요한 역사의 교훈



## 5부 _ 미래를 향한 정책의 변화

Contents



# 부록

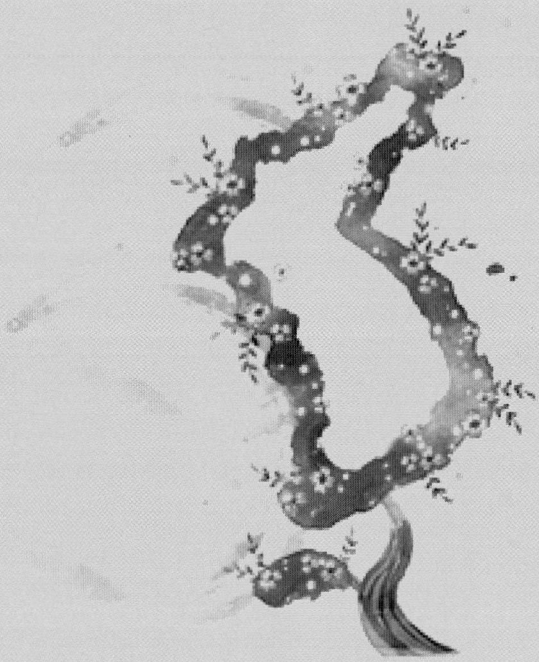

# 1부

# 남북관계 정상화를 위한 선택

남북정상회담에 바란다 (2007. 08. 23.)
북한은 루비콘강을 건너지 말아야 (2009. 05. 30.)
남북정상, 판문점에서 만나라 (2011. 06. 10.)
남북이산가족과 통일의 의미 (2011. 09. 09.)
북한은 개성공단을 정략에 이용해선 안 돼 (2015. 03. 30.)
북한도 늦기 전에 변화에 동참해야 (2015. 04. 27.)
남북관계 이대로는 안 된다 (2015. 08. 24.)
남북관계의 전향적 변화 있어야 (2016. 01. 04.)
단결과 지혜가 필요한 때이다 (2016. 02. 01.)
북 · 미, 대화 외에 무슨 방법이 있는가 (2017. 10. 30.)
남북대화 발판삼아 한반도 평화 구축해야 (2018. 01. 15.)

# 남북정상회담에 바란다

(2007. 08. 23.)

노무현 대통령과 북한 김정일 국방위원장의 제2차 남북정상회담 일정이 임박해지자 공식수행원과 특별수행원의 명단이 발표되고 남북 모두 회담준비에 바쁘다. 2000년 6월 김대중 전 대통령의 평양방북 이후 7년만에 열리게 된 남북정상회담에 대한 국민들의 반응도 엇갈리고 진보와 보수단체들의 견해도 달라 뜨거운 논쟁을 벌이고 있다.

북핵문제와 남북문제를 놓고 우선순위를 다투는가 하면 미국도 북핵문제에 있어 6자회담을 강조하고 한국전 종결과 평화조약을 제시하며 남북이 한 발 앞서 나가는 것을 경계하는 눈치다. 그러나 여야를 비롯한 정치권과 대선주자, 그리고 6자회담 당사국들은 회담결과에 대한 말을 아끼면서도 대체로 환영하는 분위기다. 긍정론자들은 이번 남북정상회담이 현재 진행중인 북핵 해결을 위한 6자회담에 중요한 역할을 하는 촉매제가 될 수 있고 남북관계를 한 단계 도약시키는 계기가 될 수 있으며, 북미 수교의 환경조성에도 긍정적으로 작용할 것이라는 전망을 내놓고 있다.

또 일각에서는 2000년 1차 남북정상회담 때의 5억 달러 뒷거래 의혹이나 대선을 코앞에 둔 미묘한 시기에 대한 정략적 의도, 김정일 국방위원장의 서울 답방에 대한 약속 불이행, 임기 말 대통령의 급조된 이벤트라는 곱지 않은 시선을 보내고 있는 것도 사실이다. 그러나 이미 주사위는 던져졌다. 남북정상회담은 되돌릴 수 없는 역사의 중심에 서 있다.

지금은 회담의 성공적인 결실을 위해 온 국민의 지혜를 모아야 할 때지, 옳고 그름을 논할 때가 아니다. 더구나 정상회담 자체를 부정해선 안 된다. 남북의 지도자들이 만나는 것은 지극히 자연스럽고 바람직한 일이다. 남북 정상은 자주 만나야 한다. 그리고 쉽게 만나야 한다. 급변하는 세계정세 속에서 남북 정상이 만나는 데 7년이라는 시간을 낭비해서는 안 된다.

물론 여기에는 조건이 있다. 바로 한반도의 평화통일, 그리고 민족번영에 대한 확고한 신념과 그것을 증명할 수 있는 진정성이다. 이 큰 명제를 벗어난 그 어떤 정략적 발상이나 대가성 회담, 절차와 과정의 불투명성, 회담에 참여하는 당사자들의 오판과 무능으로 인한 국력낭비는 결코 안 된다. 그것은 차라리 아니 만남만 못하다. 오히려 국가의 권위를 추락시키고 국민들에게 불신을 안겨주게 되며 차후 정상회담을 추진하는 데도 걸림돌이 될 수 있기 때문이다. 정부는 우선 이번 회담의 성공을 위해 몇 가지 유의할 필요가 있다.

첫째, 의제 선정에 심혈을 기울여야 한다. 그것이 곧 회담의 성패를 결정짓는 민감한 문제이기 때문이다.

둘째, 모든 절차와 과정을 한 점 의혹 없이 투명하게 함으로써 북에 줄 선물보따리를 의심하는 국민들의 의구심을 불식시켜야 한다.

셋째, 각종 현안에 대한 논의는 폭넓고 유연하게 하되 합의는 신중하게 해야 한다. 단기적 성과에 급급한 나머지 실행 불가능한 약속으로 차기정부에 부담을 주거나 국민들의 정서에 반하는 결정은 피해야 한다.

이번 제2차 남북정상회담에서 가장 관심을 모으는 것은 역시 김정일 국방위원장의 북핵 폐기에 대한 확고한 의지 표명이다. 북한은 기회 있을 때마다 한반도 비핵화는 김일성 수령의 유훈이라고 말해 왔고 한반도 비핵화 공동선언을 한 바 있다. 이번 회담에서 북핵 폐기를 만천하에 선언하고 한반도의 영구적 평화체제 구축방안, 남북교류협력의 확대와 효율적 실천방안, 촌음을 다투는 이산가족 상봉과 국군포로 및 납북자문제의 획기적인 해결방안 등이 전향적으로 진지하게 논의되길 바란다.

아무쪼록 어렵게 마련된 남북정상회담이 성공적으로 마무리되어 한 단계 성숙된 한반도 구상을 실현할 수 있는 토대가 마련되고 평화통일의 밑거름이 되기를 기대한다.

# 북한은 루비콘강을 건너지 말아야

(2009. 05. 30.)

북한이 2차 핵실험 이후 파국으로 치닫고 있다. 조문정국에 반인륜적 도발행위를 자행하며 한반도를 위기로 몰아가고 있다. 4.5로켓발사 후 국제사회와 대결구도로 방향을 잡은 북한의 행보가 마지노선을 넘으려 한다. 마치 제동장치가 고장난 폭주기관차처럼 위험한 질주를 계속하고 있다. 약속시간에 늦을까 봐 서두르는 초조함과 조급함도 느껴진다. 최대한 시간을 끌며 긴장을 조성시킨 뒤 벼랑 끝까지 가서 카드를 내밀던 것과는 달리 정반대의 전술을 구사하고 있다.

로켓발사를 예고하고 공개한 일정에 맞추어 발사를 강행하는가 하면 그에 따른 유엔 의장성명을 핑계로 6자회담 불참선언, 핵실험과 미사일발사, 정전협정 폐기선언까지 숨 가쁘게 쏟아내며 동북아는 물론 국제사회를 적으로 만들고 있다. 또한 두 달 가까이 억류하고 있는 현대아산 근로자문제를 핑계로 북남대화는 논의할 여지도 없다며 모든 대화채널을 봉쇄하더니 마침내 개성공단을 무력화시키고 최악의 상황을 언급하며 동족을 협박하고 있다.

북한의 이 같은 상식을 초월하는 일방적 행위는 결코 올바른 태도가 아니다. 우여곡절 끝에 회복한 국제사회의 신뢰를 잃게 됨은 물론 또다시 고립을 자초하는 길이고, 국제사회의 안정에도 역행하는 무모하고 부도덕하고 무책임한 처사다. 남북관계의 전면차단은 물론 한반도에 돌이킬 수 없는 재앙을 초래하는 매우 위험한 발상이다. 어떤 명분으로도 합리화시킬 수 없는 억지다. 북한의 논리인 우리식대로 살아가는 자신감의 표출이건 국제사회를 향한 도전적 항변이건 내부사정에 의한 어쩔 수 없는 선택이건 바람직스럽지 못한 건 마찬가지다.

개인이나 사회, 국가 사이에는 지켜야 할 상식과 도리가 있다. 도도하게 흐르는 세계질서를 홀로 거역할 수는 없다. 북한은 일방적 태도를 자제하고 원래의 자리로 돌아와야 한다. 루비콘강을 건너기 전에 결자해지의 정신으로 현명한 선택을 해야 한다.

첫째, 북한은 북핵 6자회담에 즉시 복귀해야 한다. 어렵게 조성된 6자회담의 틀을 깨선 안 된다. 북미 양자회담이나 3자회담, 4자회담도 방안이 될 수 있지만 성사될 가능성도 희박하고 결국 시간만 낭비하게 될 것이다. 또 거기에서 제외된 나라의 반발을 해결할 뾰족한 방법도 없다.

비록 6자회담이 완전하진 않더라도 현재로선 그 틀 안에서 해결의 실마리를 찾을 수밖에 다른 대안이 없다. 북한이 국제사회의 일원으로 당당하게 나서서 권리를 주장하고 국익을 위해 좋은 결과를 얻으려면 6자회담을 유용하게 활용해야 한다.

둘째, 개성공단은 반드시 존속 발전시켜야 한다. 억류된 근로자는 즉시 석방하고 남북이 지혜를 모아 파국만은 막아야 한다. 개성공단은 남북화합의 상징이자 교류협력의 표상이다. 민족의 상생공영을 위한 터전이다. 조국통일을 위한 실험장이다. 여기에 정치, 군사, 안보논리가 개입해서는 안 된다. 그리고 신뢰가 훼손되어서도 안 된다. 합의했던 초심으로 돌아가야 옳다.

한 번 무너진 신뢰의 회복에는 많은 비용과 대가를 치러야 됨을 우리는 경험을 통해 알고 있다. 아무리 절박한 사정이 있고 변화된 현실을 고려하더라도 상대를 무시한 일방적 통고만으로 문제를 해결할 수는 없다.

셋째, 북한은 회원국으로서 유엔을 존중하고 안보리결의에 귀 기울여야 한다. 중국과 러시아도 복잡 미묘하게 얽혀 있는 국제관계에서 더 이상 북한의 행위를 용인하기는 힘들 것이다. 남북의 장기화 되고 있는 경색국면을 해결하기 위한 대화제의도 조건 없이 응해야 한다. 늦기 전에 고위급회담으로 돌파구를 열어 서로의 진정성을 확인하고 합리적 방안을 도출해 내는 것도 위기극복의 좋은 방편이 될 것이다.

우리는 지도자의 선택과 결단에 따라 역사의 물줄기가 흥망성쇠로 바뀌어 왔음을 잘 알고 있다. 그 어떤 이념이나 가치보다 민족의 번영과 조국통일이 우선임을 북한은 잊지 말아야 할 것이다.

# 남북 정상, 판문점에서 만나라

(2011. 06. 10.)

북한은 지난 달 우리 정부가 베이징에서 남북정상회담 개최를 제안했다고 밝혔다. 남북 정상은 만나야 한다. 2011년 6월 한반도의 기상도는 흐림을 넘어 먹구름으로 뒤덮여 앞날을 가늠하기가 쉽지 않다. 북핵문제 해결을 위한 6자회담도 교착상태에 있고 북의 천안함과 연평도 포격도발 이후 남북관계는 시간이 흐를수록 끝이 보이지 않는 최악의 국면으로 치닫고 있다.

그런데도 남북 모두 네 탓 공방을 하며 기 싸움으로 시간을 낭비하고 있다. 남한에서는 원칙 있는 대북정책을 견지하며 북한을 압박해 비핵화와 개혁 개방에 대한 진정성 있는 태도변화를 기대하지만 피로감만 쌓이고 설득력이 부족하다.

북한의 행보는 이와는 반대방향으로 움직이고 있다. 인민들은 굶주려 죽어가도 군비확충과 3대 세습에 골몰하고 김일성주석 탄생 100주년이 되는 내년 봄에 강성대국 선포를 위한 준비에 부산한 움직임을 보이고 있다. 또 리비아 사태를 보면서 핵 억제력 강화를 확신하며 비핵화 대신 핵을 보물단지처럼 끌어안고 체제안전을 도모할 공산이 크다.

이처럼 복잡하게 얽혀 있는 한반도 문제를 내 일처럼 해결해 줄 나라는 없다. 우리 문제는 남북 스스로가 풀어야 하고 해법은 역시 남북 정상이 만나는 일부터 시작되어야 한다. 6자회담 재개를 위해 미국과 중국이 전단계로 주문하고 있는 것도 우선적으로 남북대화다. 부끄럽고 참담한 지구촌 유일의 분단국이라는 오명을 씻고 하루빨리 통일을 이루기 위해서도 남북 정상의 만남은 그만큼 절실하고 소중하다. 분단 66년이라는 골을 메우는 데 몇 차례 만남으로 큰 성과를 기대하기 어렵고 그동안 북이 보여준 행태로 볼 때 실망스러울 수도 있다.

그렇다고 방관하거나 포기할 수도 없다. 남북관계가 어려울수록 대화의 문을 열어 놓고 수시로 만나 신뢰를 쌓아가는 과정이 필요하다. 얼마 전 지미 카터 일행이 평양을 방문했지만 김정일 위원장은 만나지도 못하고 실망만 안겨주고 돌아갔다. 애당초 우리의 문제를 남에게 기대했던 게 잘못이다. 그러기에 남북 정상이 만나야 한다. 북이 그동안 줄기차게 요구했던 남북대화에 대한 진정성도, 천안함과 연평도 도발에 대한 책임도, 북핵 폐기에 대한 의지도 만나서 확인하고 추궁하고 설득해야 한다.

정상회담은 최대한 빠른 시기에 성사되는 것이 좋다. 2012년은 격변의 해가 될 확률이 크기 때문에 올 하반기가 대북정책에 있어서도 외교력을 발휘할 매우 중요한 시기가 될 것이다. 내년은 한 · 미 · 중 3개국 모두가 현 정권의 임기가 끝나고 새 지도부가 들어서는 해다. 각국 공히 선거열풍에 휩싸일 것이고 북한도 대화상대를 다음 정권으로 미룰 수 있다. 여유를 찾기에는 이명박 정부에게 주어진 시간이 많지 않고 한반도 사정이 그렇게 한가롭지도 않다. 기다려서 얻는 것보다 잃는 것이 더 많다.

아무런 견제장치 없이 기다리는 동안 북한의 우라늄 농축 프로그램을 포함한 핵개발은 계속 진행될 것이고 김정일 국방위원장의 파격적인 3차례의 중국 방문이 보여주듯이 식량문제를 비롯한 현안을 타개하기 위한 고육지책으로 중국에 의존도를 높여갈수록 북한의 경제예속화는 돌이킬 수 없는 지경이 될 것이다. 그리고 북한에 급변사태가 발생했을 때를 대비해서도 대화의 장은 반드시 열려 있어야 한다.

정상회담 장소는 판문점에서 만나기를 제안한다. 서울과 평양에서 왕래하기에 편리하고 불필요한 논란과 번거로움을 줄일 수 있을 뿐만 아니라 무엇보다도 판문점이 갖는 상징성 때문이다. 냉전의 마지막 장소에서 남북의 정상이 마주 앉는다는 사실 하나만으로도 세계의 이목을 끌기에 충분하고 그만큼 정상회담의 무게도 더할 것이다.

과거 두 차례의 남북정상회담이 평양에서 있었다. 제3차 남북정상회담을 한다면 약속대로 김정일 국방위원장이 서울로 와서 하는 것이 순리다. 내년 3월 서울에서 열리는 제2회 핵안보정상회의에 김정일 국방위원장을 초청한다는 이명박 대통령의 베를린제안을 북측이 받아들인다면 또 하나의 역사적 사건이 되겠지만 앞으로 시간도 많이 남아 있고 실현가능성도 극히 작아 보인다.

남한과 북한은 더 늦기 전에 판문점 남북정상회담을 위한 노력을 해야 한다. 그리고 북한은 더 이상의 오판과 무례를 범하지 말고 조건 없이 응해야 한다. 중국과의 경제협력이나 체제보장에도 한계가 있고 결국에는 비핵화와 근본적인 개혁과 개방, 남한과의 교류협력만이 평화통일로 가는 유일한 길이기 때문이다.

북한이 이 회담마저 거절한다면 지금까지 제기했던 대화의 진정성이 허구였음이 만천하에 밝혀질 것이고 국제사회의 압박에 직면하게 될 것이다. 그러나 판문점회담이 성사되면 남북관계는 갈등과 대결을 넘어 화해와 협력의 시대를 여는 새로운 이정표가 세워질 것이다. 그러기에 남북 정상은 이제 판문점에서 만나야 한다.

# 남북이산가족과 통일의 의미

(2011. 09. 09.)

추석이다. 우리는 올해도 어김없이 예를 갖추어 한민족 최대의 명절을 맞고 있다. 지난 여름 근래에 없던 기습폭우로 금수강산 곳곳이 상처를 입고 수해를 입은 이재민들의 고통이 아직 채 아물지 않았지만 이맘때가 되면 언제나 그랬듯이 부모형제를 찾아 역과 터미널에 귀성인파가 몰리고 가족은 하나가 된다. 한반도를 비추는 한가위 보름달은 여전히 밝고 제각각 소원을 비는 눈동자들은 맑다.

그러나 이 좋은 계절에 생사조차 알 수 없는 가족을 그리며 한숨과 눈물로 가슴앓이를 하는 아픈 이웃들이 있다. 바로 일천만 남북이산가족들이다. 해마다 추석이 되면 해 오던 남북이산가족 상봉에 대한 행사가 올해는 아무 소식이 없다. 비록 제한된 인원에 눈물로 얼룩진 2박3일의 짧은 만남이었지만 그들에게는 그 무엇과도 바꿀 수 없는 유일한 소망이요 가슴 벅찬 기다림이었을 것이다.

물론 이산가족 상봉이 어렵게 된 것은 금강산관광객 피살사건이나 천안함과 연평도 도발과 같은 일련의 불미스런 사건으로 야기된 경색된 남북관계가 주원인일 것이다. 그러나 남북이 어려울 때도 찾아보면 길은 반드시 있을 것이다.

지난해 8월 상봉 신청자 12만 8,129명중 4만여 명이 이미 세상을 떠났다. 남북이산가족들 대부분이 고령이라 지금 이 시간에도 가족 상봉의 한을 풀지 못하고 떠나는 분들의 수는 점점 늘어나고 있을 것이다.

이산가족 상봉은 정치 군사적 문제와는 거리가 먼 순수한 인도적 문제다. 남한과 북한은 이산가족의 문제를 통일문제를 비롯한 복잡한 남북현안과는 별개로 먼저 풀어야 할 절박한 과제로 생각해야 한다. 머뭇거리다가 시기를 놓쳐 이산가족 문제가 통일 이후 오점으로 남아서는 안 된다. 그것은 이 시대를 살고 있는 우리 모두의 책임으로 역사는 기록할 것이기 때문이다.

정부는 이산가족의 만남과 북한에 생존해 있는 납북자와 국군포로 송환에 적극적이고 지속적인 노력을 기울여야 한다. 북한은 이들의 실상을 숨김없이 공개하고 개인의사를 존중하여 자유로운 선택의 기회를 주어야 한다. 이산가족의 만남을 대북지원의 미끼나 또 다른 협상의 도구로 삼아서는 안 된다. 이산가족 문제를 버려두고 인도적인 문제를 말하는 것도 설득력이 없다. 60년 넘게 헤어진 가족이 만나는 일보다 더 큰 인도적인 문제는 없다고 생각되기 때문이다.

우리는 통일을 염원하고 있다. 그리고 통일은 우리가 반드시 이루어야 할 민족적 과업임에 틀림이 없고 시간이 문제이지 언젠가는 이루어지리라 믿는다. 그러기에 우리는 후회 없는 통일을 맞이할 준비가 필요하다. 그 앞자리에 납북자와 국군포로를 포함한 이산가족의 문제가 있다. 입으로는 통일을 말하면서 손에 잡힐 듯 가까운 거리에 가족을 두고 생사도 모른 채 보낸 세월이 반세기가 훨씬 넘었다. 세계에서 유례가 없는 비극이다. 21세기를 살아가는 우리 모두의 부끄러운 초상이다.

남한과 북한은 지혜를 모아 이산가족 문제를 반드시 해결하고 그 족쇄를 풀어주어야 한다. 정권유지나 정략의 힘겨루기로 낭비할 시간이 없다. 만나야 할 사람 모두를 만날 수 있게 해 주어야 한다. 이산가족 상봉을 정례화 해서 만나고 싶을 때 자유롭게 만날 수 있는 장치가 속히 마련되어야 한다.

꼭 추석이나 명절을 고집할 이유도 없다. 남북이산가족들에게 통일의 의미는 거창한 게 아니다. 지금 당장 서로 만나는 것이다. 부모형제의 생사를 확인하고 가족의 소식을 듣는 것이다. 그것이 그들에게는 진정한 의미의 통일이기 때문이다.

남북 분단과 3년간의 한국전쟁이 만들어낸 이산가족문제, 남한과 북한의 정치지도자는 물론이고 우리 모두가 마땅히 함께 풀어야 할 과제이자 의무이다. 남한과 북한의 일천만 이산가족의 자유로운 만남, 이것이 단초가 되어 통일로 이어지길 기원한다.

# 북한은 개성공단을 정략에 이용해선 안 돼

(2015. 03. 30.)

북한이 개성공단 북쪽 노동자의 임금을 인상하겠다고 일방적으로 통보하면서 남북갈등이 증폭되고 있다. 2010년 천안함 사건과 그로 인한 5.24조치 이후 5년 동안 남북경제협력이 중단되고 남북관계가 경색된 가운데서도 유일한 남북교류의 창구였던 개성공단마저 또다시 위기를 맞고 있다.

북한이 17일 개성공단에 입주한 남측 기업들의 현지 법인장들을 소집해 자신들의 '임금인상' 입장을 설명하려 했지만 우리 정부의 반대로 성사되지 못했다. 북측이 개성공단관리위원회를 통해 남측 기업의 현지 법인장들에게 최근 개정한 노동규정에 대해 설명하고 싶다며 17일 오전 11시까지 중앙특구개발지도총국 사무실로 모이라고 했으나 정부는 북측에 현지 법인장보다는 18일 방북하는 기업 대표들에게 설명하는 것이 좋겠다는 입장을 전달하고 입주기업을 상대로 별도의 설명회를 개최하는 단호한 입장을 취했기 때문이다.

최근 개성공단을 둘러싼 남북의 갈등은 임금 인상뿐만 아니라 토지 사용료 인상문제와 개성지구에 대한 수돗물 공급을 줄이는 등 양측의 신경전이 점차 고조되어 왔다. 당연히 남북문제는 물론이고 개성공단에 입주해 있는 기업들의 불안은 그만큼 클 수밖에 없다.

북한은 2010년 4월에도 "남쪽이 금강산관광에 대한 의지가 없다"며 금강산의 남쪽 재산을 몰수 · 동결하는 조치를 일방적으로 취한 바 있다. 또 2013년 4월에는 개성공단에 근무하는 북쪽 근로자 전원을 일방적으로 철수시킴으로써 장기간 개성공단 폐쇄사태를 야기해 남북 모두 막대한 경제적 손실을 감내해야 했다.

이번 사태의 발단이 된 것도 북한의 상대를 무시한 일방적 조치로 인한 것이다. 지난해 11월 북한은 최고인민회의 상임위원회 결정을 통해 월 5%인 최저임금 인상상한선 폐지 등 개성공업지구 노동규정 13개 조항을 일방적으로 개정하고 지난달 월 최저임금을 3월부터 70.35달러에서 5.18% 오른 74달러로 인상하겠다고 일방적으로 통보했다.

이에 우리 정부는 강한 유감 표명과 함께 임금문제 등을 논의할 공동위원회를 열자고 제안했지만 "정당한 법적 권리 행사"라며 응하지 않고 있는 것이다. 북한의 정략적 접근이 의심되는 이유다. 북한이 또다시 막무가내 밀어붙이기식 강경 일변도로 나올 경우 2015년 4월도 남북 당국이나 개성공단에 입주해 있는 기업들에게는 뼈를 깎는 아픔을 감내해야 하는 잔혹한 달이 될 것이다. 그러기에 북한의 일방적 태도와 부당한 요구는 마땅히 철회되어야 한다. 그리고 요구할 것이 있으면 공론의 장에 나와서 논의해야 옳다.

개성공단은 남북분단 이래 최초의 남북통합의 공간이다. 통일조국을 건설하기 위한 희망의 주춧돌이다. 과거 남북간 경제교류는 대부분 남측이 원자재를 제공하면 북측이 가공하여 물품을 제공하는 단순한 임가공방식에 불과했고 금강산관광지구의 경우 남한 관광객들의 단기방문에 그쳐 본격적인 통합의 장이라고 보기는 어려웠다.

그러나 현재 개성공단에는 기업 124곳과 영업소 91곳이 가동되고 있고 남한과 북한의 수많은 인원이 함께 모여 질 높은 경제활동과 교류협력을 영위해 나가고 있다. 단순히 눈앞에 보이는 경제적 이익뿐만 아니라 통일을 대비해 미래를 준비하는 법 제도적인 측면에서도 남한과 북한 모두에게 통합을 위한 점검과 실험공간으로서의 성격을 갖는다. 이처럼 중요한 의미를 지닌 개성공단이기에 법과 질서는 물론이고 상대방을 배려하고 존중하는 미덕 또한 발휘되어야 한다.

그 누구도 일방의 이익을 위해 법질서를 훼손하거나 정략적으로 접근해서는 안 된다. 상생과 통합을 저해하고 갈등을 유발하는 그 어떤 행위도 마땅히 경계해야 할 것이다.

# 북한도 늦기 전에 변화에 동참해야

(2015. 04. 27.)

2015년 4월, 우리에겐 너무나 부러운 뉴스가 연이어 전해졌다. "이란 핵협상 1년 6개월 만에 극적 타결" "美 · 쿠바 정상 59년 만에 역사적 회동", 지금 우리가 처해 있는 현실과 대비되면서 그 충격의 울림은 너무나 크다. 지구촌의 오랜 난제였던 이란의 핵문제와 한반도와 더불어 냉전의 잔재로 남아있던 쿠바, 오바마 대통령이 밝힌 '적국 3인방' 이자 과거 '악의 축' 으로 규정된 이란과 쿠바 두 나라가 극적인 변화를 선택했다.

지난 4월 2일 미국 등 서방과 이란의 핵협상이 어렵게 타결되어 이란은 핵개발을 전면 중단하기로 하고 미국을 비롯한 6개 주요 서방국들은 대이란 제재를 풀고 경제지원을 약속함으로써 장장 10여 년을 끌어왔던 이란 핵문제가 풀리게 된 것이다.

또 4월 11일에는 파나마의 수도 파나마시티에서 오랜 적대국이었던 미국과 쿠바의 정상이 국교정상화 조치에 대해 논의함으로써 오랜 갈등을 해소하고 미국은 쿠바를 테러지원국 명단에서 해제하며 외교관계 정상화의 방해요인을 제거하는 등 단절에서 상생의 디딤돌을 놓는 것을 우리는 지켜봤다.

어디 그뿐인가. 세계 최대 강대국 G2로 부상한 중국은 말할 것도 없고 리비아와 베트남, 미얀마도 지난 날 적이었던 서방세계와 화해하고 개혁 개방의 길로 들어선 지 오래다. 그리고 하나같이 눈부신 발전을 구가하고 있다. 모두가 피폐하고 굶주리는 국민들을 더 이상 방치할 수 없다는 지도자들의 결단이 있었기에 가능한 일이었다.

북한도 이제는 변해야 한다. 이미 3차례의 핵실험을 했지만 북한이 얻은 것은 아무것도 없다. 구시대적 발상으로 핵을 부둥켜안은 채 고립을 자초하지 말고 이란과 쿠바의 변화에 동참해야 한다. 핵과 미사일 등 대량살상무기로 언제까지 체제를 유지할 수는 없다.

이란 핵협상이 완전히 마무리될 경우 이제 남은 건 북핵뿐이다. 북한이 더 이상 시간을 끌며 결단을 미룰 수 없는 이유다. 북핵 대화도 하루 빨리 시작하고 세계와도 화해해야 한다. 더 늦기 전에 시대의 흐름에 맞춰 개혁 개방을 선택해 활로를 모색해야 한다. 도도하게 흐르는 변화의 물결을 그 누구도 거역할 수는 없다.

그동안 북한이 변화의 노력을 전혀 하지 않았던 것은 아니다. 2002년 '7.1 경제관리개선조치' 나 '우리식 경제관리방법' 이라는 이름하에 실시된 '5.30노작' 나선특구에 이은 원산특구의 설립, 최근 중국 선양에서 설명회를 가진 '원산–금강산 국제관광지대 개발계획' 같은 실험을 하며 조여 오는 경제제재 속에서 살아남기 위한 혼신의 노력을 쏟고 있는 것은 사실이다.

그러나 이것은 대내적으로 작은 노력에 불과하다. 세계를 향한 대외적 관계변화에 눈을 돌려야 한다. 그리고 큰 매듭부터 풀어야 한다. 마치 나무만 보고 숲을 못 보는 우를 범해선 안 된다.

그 중심에 북핵이 자리하고 있다. 북한은 핵을 버릴 각오를 해야 한다. 남한을 비롯한 세계와 머리를 맞대고 북핵문제부터 해결해야 한다. 이 문제의 해결 없이는 한 걸음도 더 나아갈 수가 없다. 입버릇처럼 주장하는 조국의 평화통일이나 강성국가건설은 '핵무력강화' 와 '경제건설' 의 병진노선으로 되는 것이 아니라 '핵포기' 와 '개혁개방' 의 병진노선을 선택해야 이룰 수 있음을 명심해야 한다.

여기에 국제적 신뢰관계가 전제되어야 함은 물론이다. 이것이 남북과 동북아를 넘어 세계와 소통하는 길이고 참혹한 전쟁의 비극을 차단하는 길이며 한반도의 평화와 조국통일을 담보할 수 있는 가장 확실한 방법이기 때문이다.

이것이 실현되기 위해서 무엇보다 가장 중요한 것은 북한 스스로의 결단이다. 역사적인 대변혁이나 변화는 억압이나 강요가 아니라 스스로 변할 때 더욱 빛나고 가치가 있다. 스스로의 의지가 없는 타의에 의한 변화는 부작용을 초래할 뿐만 아니라 단발성으로 끝나는 경우가 많다. 그러나 자발적 변화는 긍정적 선순환과 함께 변화의 속도 또한 빠르게 진행될 수 있기 때문이다.

남한 정부와 주변국들의 대승적 노력 또한 뒤따라야 할 것이다. 미·중을 비롯한 주변국들의 북한의 변화에 따른 전폭적인 호응과 협력이 뒷받침되어야 한다. 봉쇄정책으로 북한의 붕괴만을 기다리거나 '전략적 인내' 같은 방관자적 자세로는 시간만 낭비하고 북핵의 소형화, 경량화, 다종화 등 핵의 진화만 도와줄 뿐이다.

끊임없이 북한을 설득하고 왜 북한이 변화를 두려워하는지, 왜 개혁개방의 필요성을 알면서도 머뭇거리고 있는지를 간파하여 북한이 두려움 없이 변화의 장으로 나올 수 있도록 정치경제적 토양과 분위기 조성에 힘을 기울여야 할 것이다.

올해가 2015년, 분단 70년이다. 이제 우리 한반도에도 획기적인 북한발 변화의 훈풍이 불기를 기대한다.

# 남북관계 이대로는 안 된다

(2015. 08. 24.)

남한과 북한이 관계개선의 실마리를 찾지 못하고 겉돌고 있다. 이 같은 현상은 누구의 잘잘못을 떠나 바람직하지 못한 역사의 퇴행을 의미한다. 대화 단절과 상호 불신으로 치닫는 것은 남북 모두에게 불행한 일이다.

시대착오적인 분단체제를 극복하지 못하고 광복 70주년, 분단 70년을 맞은 한반도의 모습은 어둡고 무겁다. 지금 이 시간에도 남한과 북한 모두가 겪고 있는 수많은 분단갈등의 아픔이 이를 웅변으로 증명해주고 있다. 그럼에도 지금 남한과 북한은 관계개선의 징후는 보이지 않고 오히려 더 경색되어 가고 있다.

남북관계 개선의 골든타임이라는 6.15 남북 공동행사도 8.15 남북 공동행사도 결국 무산되고 말았다. 북한이 이희호 여사 방북 초청이나 금강산 관광지구내 소나무 숲에 병충해가 발생했을 때 남측에 도움을 요청하는 등 유화적 신호를 보낼 때만 해도 북한의 태도변화가 감지되기도 해 기대감이 있었다.

북한은 당연히 그러한 모습으로 변해야 한다. 한반도의 모든 난제를 풀기 위한 대화의 우선순위도 같은 민족인 남쪽이어야 하고 어려움에 처했을 때 구원요청도 당연히 남한과 먼저 상의하는 게 맞다. 이산가족의 아픔도 하루빨리 치유하고 냉엄한 국제정세 속에서 통일을 위한 디딤돌도 함께 놓아야 한다.

그런데 북한은 이와 같은 상생의 길을 버리고 DMZ 지뢰도발을 자행함으로써 갈 길 바쁜 한반도의 미래에 찬물을 끼얹고 말았다. 북한의 DMZ 도발은 북한의 폭력적 본성이 증명된 만행이다. 무엇보다도 북한이 의도적으로 우리 군 작전지역에 북한의 지뢰를 매설해 인명살상을 목적으로 했다는 데 심각한 문제가 있다.

이는 1976년 8.18 판문점 도끼 만행사건을 떠올리게 한다. 그 때는 미군장교 2명이 살해됐고 이번엔 우리 군의 젊은 병사 2명의 발목을 앗아갔다. 이 실망스러운 비보에 국민들은 울분과 충격에 빠졌다. 이는 명백한 정전협정의 위반이고 테러행위다.

북한이 이처럼 고의로 긴장을 고조시키는 속셈은 북한의 대남전술 변화로 볼 수 있다. 과거에는 겉으론 대화를 내세우며 속으로 도발을 일삼았다면 지금은 남측의 대화 제의를 원천적으로 봉쇄함으로써 남남갈등을 증폭시키고 아직도 불안하고 석연치 않은 김정은 체제의 내부결속을 다지려는 의도로 보인다.

남한과의 대화는 철저히 외면하고 내부단속용 공포정치로 숙청을 일삼는 등 조급하고 정교하지 못한 면모를 엿볼 수 있기 때문이다. 그리고 명분보다는 실리에 매달리는 절박함도 변화된 모습이다. 이희호 여사 방북시 겉치레라도 초청자의 예의를 갖추는 보편적 상식보다는 얄팍한 실익을 따져 얼굴조차 내밀지 않는 무례까지 감수하는 태도를 보였다. 과거에 비해 안정되지 못한 어설프고 허술한 대목을 엿볼 수 있는 대목이다. 외교적 의전까지도 전략 전술로 일관하고 있는 북한의 행태는 안타깝고 비난받아 마땅하다.

북한의 이와 같은 선택은 국제사회의 외교적 고립과 경제적 고난을 가중시키고 명분도 실리도 다 잃는 비참한 결과를 초래하게 될 뿐이다. 북한이 신댁힐 수 있는 것은 핵이 아니라 개방이고, 도발이 아니라 대화의 장으로 나오는 것이다.

지금 북한이 저지르고 있는 상식을 벗어난 비이성적인 행태들은 한반도의 안정과 평화와는 거리가 멀다. 우리 민족을 또다시 전쟁의 소용돌이 속으로 끌어들이는 길이다. 우리 한반도에서 어떤 일이 있어도 전쟁만은 피해야 한다. 그리고 소중한 평화는 지켜져야 한다.

남북은 대화테이블에 마주 앉아야 한다. 조건 없이 마주 앉아야 한다. 대화에 조건을 제시하는 것은 대화의 의지에 대한 순수성이 훼손되기에 그렇다. 남한과 북한은 지금과 같이 어려운 때일수록 이성을 되찾아 대화의 끈을 놓지 말아야 한다. 서로를 자극하며 치킨게임을 벌이는 것은 한반도의 미래를 위한 길이 아니니다. 냉철한 이성이 필요한 시점이다. 서로 비난의 수위를 높이기보다 협력의 길을 모색해야 한다. 주변환경을 탓하기보다 우리 스스로 상생의 길을 찾아야 한다.

북핵문제를 비롯한 수많은 난제들도 결국에는 실마리가 풀리게 될 것이다. 이 세상에 해결이 안 되는 일은 없다. 진통의 시간이 길어질 수는 있으나 머리를 맞대고 지혜를 나누다 보면 결국 좋은 결실이 있다는 믿음을 가져야 한다.

북한은 백해무익한 테러행위나 핵 놀음을 그만 두고 이란과 쿠바, 중국과 베트남의 결단을 본받아야 한다. 한반도의 평화와 남북관계 개선의 성사여부는 이제 북한의 선택에 달렸다. 그러나 그 공간은 그리 넓지도 않고 시간도 없다. 상식과 금도를 벗어난 불장난을 용서할 나라는 지구상 어디에도 없기 때문이다.

단언컨대 북한은 더 늦기 전에 과감한 개혁 개방의 문턱을 넘어서야 한다. 국제사회와 교류를 통한 신뢰회복에 나서야 한다. 통일은 그 다음의 문제다. 그러기 위해서는 남북회담이든 북미회담이든 6자회담이든 대화의 장으로 나오는 길밖에 없다. 그것만이 세계 속의 외톨이가 되지 않는 길이다. 위험천만한 남북관계의 파국을 막고 한반도의 평화를 지키는 길이다.

# 남북관계의 전향적 변화 있어야

(2016. 01. 04.)

2016년 새해가 밝았다. 새해에는 남북관계의 전향적 변화를 기대한다. 새해에는 남과 북이 상생을 위한 과감한 정책변화로 신뢰가 회복되고 통일을 위한 새 주춧돌이 마련되기를 기원한다. 돌이켜보면 2015년은 남북관계가 변화를 위한 진통이 컸던 한해였다. 북한의 비무장지대 지뢰도발로 인해 한반도가 일촉즉발의 긴장 속에 휩싸였고, 미 · 중을 비롯한 주변국들은 한반도의 위기를 지켜보며 자국에 미칠 파장을 염려하기에 이르렀다.

그러나 한국 정부의 현명한 판단과 끈질긴 노력으로 그 소용돌이에서 벗어나 남북이 마주앉았다. 남측의 김관진 청와대 국가안보실장과 홍용표 통일부장관, 북측의 황병서 인민군 총정치국장과 김양건 노동당 통일전선부장이 무박4일의 마라톤협상을 통해 위기를 극복하고 8.25 합의를 이끌어냈다. 그 결과 금강산에서는 20차 이산가족 상봉이 이루어졌고 마침내 남북 당국회담이 성사되었다. 실로 극과 극을 오가며 8년여 동안 경색됐던 대화의 물꼬가 터진 역사적으로 한 획을 긋는 한해를 보냈다.

비록 남북 고위급회담이 서로의 간극을 좁히지 못하고 성과 없이 끝나긴 했지만 남북관계에 미치는 의미는 생각보다 크다. 남북 대표들이 이구동성으로 다짐했듯이 장벽을 허물어 골을 메우고 온전하게 걸어갈 수 있는 대통로를 만들어 나가야 한다. 남북의 대화와 교류가 굳건할수록 한반도 통일에 대해 주변국들을 설득할 수 있는 힘도 생긴다.

새해를 맞아 우선적으로 할 일은 어렵게 조성된 대화의 불씨를 살려 당국회담을 조속히 재개하는 일이다. 그리고 대화의 단절을 서로에게 떠넘기지 말고 그동안 실효를 거두지 못하고 불신과 악순환으로 시간만 낭비했던 근원을 찾아 바로잡아야 한다. 상생으로 가는 새로운 해법의 틀을 만들어야 한다. 그러기 위해서는 다음 몇 가지 사항을 유념할 필요가 있다.

첫째, 남북회담이 전략전술로 이용되거나 일과성으로 그쳐서는 안 된다. 민족의 염원인 평화통일이라는 엄중한 과제를 앞에 놓고 준비되지 않은 형식적인 만남이 되어서는 안 된다. 작은 것을 얻어내기 위한 전략이나 전술로 접근해서는 더욱 안 된다. 이번 당국회담이 결렬된 것도 결과적으로 북한이 남측에서 제안한 이산가족 문제의 근본적 해결, 개성공단의 활성화를 위한 3통 문제, 환경과 민생, 문화의 3대 협력사업, 비무장지대 세계생태평화공원 조성 등 민족의 동질성을 회복하고 함께 번영할 수 있는 울창한 숲을 외면한 채 금강산관광 재개라는 나무에만 매달렸기 때문이다.

그리고 당국회담이 상황에 따라 필요할 때만 만나고 헤어지는 일과성 만남이 되어서는 안 된다. 남북이 풀어야 할 문제가 결코 쉽지 않은 만큼 어려운 연립방정식을 푸는 자세로 끈기와 인내심을 가지고 상시 만남을 제도화해야 한다.

둘째, 대화분위기를 훼손하지 말고 쉬운 문제부터 접근해야 한다. 서로가 신뢰를 쌓아가기 위해서는 남북 모두 즉흥적이고 돌발적 행동으로 대화분위기를 해치는 행위가 없어야 한다. 북한은 핵실험이나 로켓발사와 같은 돌발사건이나 지뢰도발과 같은 만행을 반복해서는 안 된다. 남한 또한 대북전단 살포 등과 같은 북한을 자극하는 행동은 자제해야 한다. 작은 행동 하나가 세계역사를 바꾸는 예를 우리는 익히 보아 왔다.

금강산에서 박왕자 씨 피격사건이 얼마나 긴 시간 남북관계를 교착상태에 빠지게 했는지를 반면교사로 삼아야 한다. 그리고 처음부터 비현실적인 어려운 문제를 꺼내어 시간을 낭비하지 말고 쉬운 문제부터 접근해야 한다. 첨예한 대립이 예상되는 당국 주도의 정치 군사적인 문제에 앞서 현실성이 있는 경제, 체육, 문화 등의 비교적 쉬운 교류를 지자체와 민간이 참여해서 활성화될 수 있도록 해야 한다.

셋째, 당장 시급한 문제부터 해결하고 남북 상생의 길로 나가야 한다. 현 시점에서 남북이 가장 시급히 해결해야 할 문제는 이산가족의 문제다. 지난 20차 남북이산가족 상봉 당시 딸과의 마지막 작별을 앞두고 구순의 아버지가 목메어 불러주는 애수의 소야곡을 들으며 눈물짓지 않은 국민이 있었겠는가. 뱃속의 아기가 백발노인이 되어 나타나 생전 처음 보는 부모와 부둥켜안고 울부짖는 모습을 21세기에 사는 우리가 지켜보아야 하는 참담한 현실보다 더 시급한 일이 과연 무엇인가를 생각해야 한다. 더 늦기 전에 6만6천 명의 희망하는 모든 이산가족이 한꺼번에 다 만날 수 있게 해 주어야 할 책무가 남북지도자와 우리 국민 모두에게 있다는 것을 명심해야 한다.

새해에는 남북이 전향된 자세로 협력의 길을 모색하고 한반도의 성장동력을 살리는 방향으로 나가야 한다. 북한에 가서 학생을 가르치고 있는 박찬모 평양과기대 명예총장(전 포항공대 총장)은 북한의 기초과학(소프트웨어)과 남한의 과학기술 인프라가 만나면 세계적인 경쟁력을 발휘할 수 있다고 했다.

어디 그것뿐이겠는가. 남북경협벨트(평양－개성－남한 수도권) 4단계 추진전략도 함께 힘을 합친다면 통일비용 감소는 물론 통일 후를 대비하는 큰 결실로 이어질 것이다. 새해에는 남북이 큰 걸음으로 다가서길 기대한다.

# 단결과 지혜가 필요한 때이다

(2016. 02. 01.)

북한의 4차 핵실험은 우리에게 많은 시사점을 안겨주었다. 8.25 합의를 전후해 대화모드로 위장했던 북한은 세계를 향해 무모한 선전포고를 했다. 그 누구도 북한이 5월 노동당대회를 앞두고 핵실험을 하리라고는 예상치 못했다. 그야말로 기습적인 도발이었다. 과거와는 다른 방법으로 비밀리에 허를 찌른 공격이고 새해벽두를 이용한 비상식적 만행이었다.

북한의 이번 핵실험은 철저히 계산된 다목적 카드를 빼든 것으로 보인다. 과거의 경험으로 보아 국제사회의 일치된 대북제재는 결코 이루어질 수 없다는 확신이 있었다는 점, 미국의 '전략적 인내' 정책으로 사면초가에 몰린 고립국면을 전환하고 대외적으로 주목을 끌기 위한 고육지책이라는 점, 근래 중국과의 관계가 껄끄러운 점을 감안한다면 중국이 반발할 것을 예상하면서도 중국과의 확실한 관계정립을 위해

벌인 도박일 가능성, 그리고 대외적으로 '수소탄' 이라는 위력을 과시함으로써 핵보유국 지위를 굳히고 아직도 불안한 김정은체제의 강화를 위한 대내결속용 성격이 짙다는 점에서 북한이 처한 절박함마저 엿보인다.

북한의 이 같은 비정상적인 행태를 보면서 청개구리의 슬픔이라는 우화가 떠오른다. 지독하게도 어머니의 말을 듣지 않고 매사 반대로만 행하며 속을 썩이다가 어머니의 사후 돌이킬 수 없는 징벌에 눈물로 세월을 보낸다는 청개구리의 행태를 그대로 답습하고 있다.

북한은 세계가 한 목소리로 말하는 핵 폐기와 개혁 개방이라는 선순환의 올바른 충고를 받아들이지 않고 반대로 핵을 통한 체제 수호에만 매달리고 있다. 오로지 핵만이 살길이라 생각하며 위험한 불장난을 계속하고 있다. 참으로 안타까운 일이다.

그러나 이 같은 북한의 핵 놀음은 결국 비극으로 끝날 것이다. 그리고 한반도에 엄청난 재앙이 될 것이다. 우리 8천만 민족이 북핵에 대해 한시라도 방관자가 될 수 없는 이유가 여기에 있다.

북한은 과거 세 차례의 핵실험을 했다. 그리고 그에 따른 유엔 안보리를 비롯한 국제공조라는 이름의 대북제재가 있었다. 그러나 그때마다 북한에 결정적 타격을 주는 효과는 없었다. 북한이 핵실험을 할 때마다 실망과 분노를 표출하면서도 해결책을 외국에 의존해야 하는 남한으로서는 자괴감에 빠진 것도 사실이다.

그러나 이제는 달라져야 한다. 과거의 방식으로는 북의 5차, 6차 핵실험을 막을 수 없다. 다른 시각으로 대안을 찾아 압박강도를 높여야 한다. 우리 자신부터 한반도의 평화를 지키기 위해 북핵문제를 반드시 해결하겠다는 결연한 의지와 신념으로 하나가 되어야 한다. 유엔 안보리를 포함한 국제사회도 유사시에만 발끈하다가 주저앉는 용두사미가 되지 않도록 일관성과 지속성, 그리고 실효성 있는 제재를 촉구해야 한다. 그러기 위해 몇 가지 제안한다.

첫째, 국민들의 하나 된 단결의 힘이다.

북핵문제를 해결하기 위해서도, 평화를 지키기 위해서도, 통일을 위해서도 무엇보다 중요한 것은 단결된 힘이다. 우리 국민들이 분열된 모습을 보여서는 안 된다. 한 목소리로 북의 핵실험을 규탄하고 북핵 폐기를 촉구해야 한다. 국내의 단결된 힘이 있어야 주변국들의 협조도 견인할 수 있다. 국민들의 단결된 힘이 문제 해결의 근원이 된다. 그 동력이야말로 어떤 첨단무기보다도 몇 천 배의 위력을 발휘하게 될 것이다. 우리의 가장 무서운 적은 패배의식에 젖어 스스로 손 놓고 포기하는 것이다.

둘째, 국제사회와의 긴밀하고 효율적인 공조다.

북핵문제는 우리 한반도만의 문제가 아니라 세계평화와 관련된 중대한 사안이다. 북한의 핵 도발을 멈추게 하려면 국제사회와의 긴밀한 공조를 통한 압박이 필요하다. 북의 6자회담 복귀를 촉구하고 여의치 않을 경우 5자회담을 통해 북에 강력한 메시지를 보내야 한다. 유엔은 그동안 북핵과 미사일 도발에 대해 일곱 차례나 결의안을 채택했지만 북한의 핵실험을 막지 못했다. 오히려 국제사회를 향해 핵보유국임을 천명하기에 이르렀다.

관건은 중국이다. 중국은 이번에도 '한반도의 비핵화, 평화안정, 대화와 협상을 통한 문제 해결' 이라는 기존 3원칙을 견지하며 미적거리고 있다. 안보리 결의에 동참은 하면서도 결정적인 제재에는 반대함으로써 대북제재가 실효를 거두지 못하고 있다. 그 동안 중국의 소극적 대응이 북핵문제를 키웠다. 중국이 실질적 조치를 취하도록 해야 한다. 중국은 6자회담 의장국이다. 우리는 외교역량을 총동원하여 중국이 그 책임을 다할 수 있도록 해야 한다.

셋째, 북한과의 끊임없는 대화를 통한 설득이다.

이 모든 분란의 책임은 북한에게 있고 현 상황이 매우 엄중하여 당장 대화를 하기에는 적절치 않은 건 사실이다. 그리고 북한이 지금까지 보여준 청개구리의 행보를 볼 때 실효성을 담보하기도 어렵다. 그렇다고 모든 대화의 채널을 막아서는 안 된다. 철저하고 빈틈없는 안보태세를 구축함과 함께 돌이킬 수 없는 파국을 막기 위해서는 북한과 대화를 통한 회유와 설득은 계속되어야 한다. 강압과 억제 그리고 대화를 통한 설득 모두가 필요한 시점이다.

# 북·미, 대화 외에 무슨 방법이 있는가

(2017. 10. 30.)

북한의 핵과 미사일 도발로 촉발된 북 · 미의 대결이 도를 넘고 있다. 지금 한반도는 북한의 핵위협과 미국 군사옵션의 불안감 속에 생존 배낭까지 준비하는 심각한 안보위기가 계속되고 있다. 한반도를 그들의 핵전쟁 놀이터로 착각하는 것처럼 보인다. 이성은 실종되고 분노만 남아 거친 협박성 폭언만 쏟아내고 있다. 이는 양측 모두 불안과 초조함만 노출시킬 뿐 해결책이 될 수 없다.

평화를 갈구하는 한반도의 국민들을 볼모로 미국의 트럼프 대통령은 강경 일변도의 대책 없는 비핵만 주장하고 있고, 북한의 김정은 노동당 위원장은 초지일관 핵보유국만 외치고 있다. 마치 누가 먼저 꼬리를 내릴 것인지를 시험하는 치킨게임을 보는 것 같다. 한반도의 위기는 그들이 생각을 바꾸기 전에는 접점을 찾기가 어려워 보인다.

이 같은 현상의 발단은 북한의 핵 · 미사일 협박이 최고조에 이르렀기 때문이다. 미국 본토까지 핵·미사일 도달능력을 과시하고 있는 데 따른 미국의 위기의식이 팽배해 있고, 미국의 북한 지도부 제거 움직임에 대한 북한의 불안감이 크게 작용한 결과다.

그런데도 양측 모두 새로운 해법을 찾기보다는 자존심 싸움으로 변질되어 상황을 악화시키고 있다. 북한의 벼랑 끝 전술은 고장 난 폭주기관차 같고 미국은 모호한 화법으로 군사옵션을 암시하며 대북제재에 기대고 있다. 유엔 안보리도 북한의 도발에 대해 10여 차례의 외교적, 경제적 압박이 있었지만 이마저도 구조적 허점으로 소기의 목적을 달성하는 데 실패하고 말았다.

미국은 중국 때문에 대북제재가 제대로 작동하지 않자, 고심 끝에 중국에 경제적 압력을 가함으로써 돌파구를 찾으려 한다. 중국은 북한이 안하무인의 행태를 보이고 미국의 경제적 압력이 가해지자 북한에 대한 금융제재와 자국의 합작기업을 폐쇄하는 등, 마지못해 호응하고 있으나 계속해서 실효적 압박으로 이어질지는 불투명하다. 지리적 특성상 중국은 북한을 완전히 버릴 수는 없기 때문이다. 북한도 노동당 제7기 2차 전원회의를 열고 핵·경제 병진노선을 강조하고 인적쇄신까지 했지만 더 이상 마땅히 쓸 카드가 소진되어 북한 내부의 고민도 깊어지고 있다.

이젠 북한도 미국도 국면전환 외에 더 이상의 해법은 없다. 관객이 외면하는 위험한 칼춤을 멈추고 대화해야 한다. 북·미에게 묻는다. 도대체 대화 외에 무슨 방법이 있는가? 무력대결의 피해자는 누구인가? 한반도와 동북아의 평화질서를 만들기 위해서는 대화 외엔 다른 방법이 없다.

미국이 대북제재의 강도를 높이는 것도 결국 북한을 대화의 장으로 끌어내기 위한 수단이다. 북 · 미는 생산성 없는 대결을 멈추고 즉각 대화에 나서야 한다. 대화가 재개된다고 해서 당장 북핵문제가 해결된다고 볼 수는 없다. 그래도 파멸을 부르는 무력대결보다는 나은 선택이 될 것이다.

무력대결은 모두를 불행한 패배자로 만들지만 진정성 있는 대화는 해결의 실마리를 찾는 단초가 된다. 실제로 미국의 빌 클린턴 정부 때도 사태는 엄중했지만 카터 전 대통령이 방북해 김일성 주석과의 회담으로 일촉즉발의 북핵 위기를 넘긴 적이 있고 카터는 이번에도 방북을 희망하고 있는 것으로 알려졌다.

다행히 북 · 미 모두 미미하지만 대화 재개의 움직임이 감지되고 있다. 북한은 러시아를 매개로 대화의 가능성을 엿보고 있고, 미국의 틸러슨 국무장관이나 켈리 비서실장 등, 미국 조야에서 북핵에 대한 외교적 해결을 주장하고 나선 것은 매우 고무적인 일이다.

또 11월 초 트럼프와 시진핑의 미 · 중 정상회담이 예정되어 있어 한반도 위기를 잠재울 수 있는 돌파구가 마련될지에 각국의 이목이 집중되고 있다. 정상회담에서 어떤 결과를 도출해 낼지는 알 수 없으나 북한의 핵 · 미사일 도발에 대한 한반도 문제가 주요 의제가 될 것은 분명하기 때문이다. 미 · 중은 이번 정상회담에서 동북아 패권다툼의 혼란스러운 행보를 접고 한반도 평화를 위해 강대국다운 책임 있는 역할을 다해야 할 것이다.

문제는 북한이다. 북한은 더 이상 파국을 몰고 올 모든 도발행위를 멈추고 대화의 장으로 나와야 한다. 세계 각국의 외교단절이 이어지고 있고 중국과의 신뢰마저 깨져 고립이 심해질수록 선택의 폭은 좁아질 수밖에 없다. 또 미국과 중국이 정상회담에서 치명적 대북제재에 합의하거나 이미 임계점을 넘었다고 판단하고 있는 미국이 군사옵션을 실행할 경우 그때는 이미 늦다.

우리 정부도 위기 극복을 위한 보다 적극적인 대처방안이 요구된다. 미·중을 비롯한 북한과의 대화채널을 확보하고 다음 달 한·미 정상회담에서 한반도의 실상과 한국의 입장을 분명히 밝혀야 한다. 또 북한이 전격적으로 대화제의를 해올 경우에도 대비해야 한다. 여야 정치권은 정쟁 대신 심각한 안보위기를 타개할 고도의 정치력을 발휘해야 할 것이다. 당사국 모두가 실기(失機)하지 않는 지혜로운 선택을 기대한다.

# 남북대화 발판삼아 한반도 평화 구축해야

(2018. 01. 15.)

2018년 한반도는 시작이 좋다. 새해 첫날부터 남북정상이 막혔던 대화의 물꼬를 텄다. 평창올림픽을 매개로 덕담을 주고받으며 시작된 남북관계 회복의 속도는 매우 빠르게 진행되고 있다.

지난 9일 판문점에서 열린 남북 고위급 회담에서 합의한 '북측 선수단의 평창올림픽 참가' '군사회담 개최' '다양한 분야의 교류와 협력' 등의 후속 조치도 탄력을 받고 있고 국민들도 모처럼의 남북화해를 통한 만남에 거는 기대가 크다. 작년 한해 북핵 위기로 한반도가 최악의 긴장상태에 놓여 있던 때를 생각하면 격세지감마저 느껴진다. 곧 한방 터질 것처럼 팽팽하게 맞섰던 북미 관계는 소강국면으로 접어들었고 대신 그 자리에 남북이 마주 앉았다.

한반도에 모처럼 긴장 대신 평화의 기운이 감돌고 있다. 이는 그 동안 문재인 정부가 어려운 여건에서도 북을 향해 대화의 손짓을 멈추지 않았고 미국을 설득해 한미 합동군사훈련을 올림픽 후로 연기하는 등 중재의 노력이 빛을 보게 된 것이다. 대통령의 지지율이 70%를 넘고 있고 국정동력도 힘을 받고 있다. 성급하지만 일각에서 한반도 운전대론이 대두되는 이유다.

북한도 기다렸다는 듯 평창올림픽에 파격적인 관심을 내보이며 적극적이다. 올림픽 참가 선수단뿐 아니라 고위급 대표단과 응원단, 예술단, 참관단, 태권도 시범단, 기자단까지 대규모 파견단 참가를 희망하고 있다. 전례가 없는 일이다.

미국도 평창올림픽 성공을 위해 전폭적인 지지를 보내고 남북회담을 100% 지지한다고 강조하며 긍정적으로 화답하고 있다. 한미 정상간 통화에서 굳건한 공조를 재확인하고 펜스 부통령이 미국의 고위급 대표단과 올림픽 선수단을 직접 인솔하고 온다고 발표했다.

평창에서 북미고위급의 만남도 가능성을 낳고 있다. 북미 모두가 모처럼 한국정부에게 힘을 실어주고 있다. 적어도 평창올림픽이 끝날 때까지 한반도는 평화올림픽으로서의 축제의 장이 구축된 셈이다. 문재인 대통령이 신년사에서 한반도 평화 원년의 해를 선포한 것도 같은 맥락으로 읽힌다.

그러나 갈 길은 아직 멀다. 남북대화가 복원되었지만 이제 시작에 불과하다. 우선 첫 번째 문제는 올림픽이 끝난 후에도 이 같은 분위기가 지속될 수 있느냐이다. 미국의 호의적 판단이나 북한의 갑작스런 선의가 일시적이 아니라 올림픽이 끝난 후에도 선순환할 수 있겠는가를 생각해 보면 단언할 수 없다. 그러기에 지금 이 문제를 고민해 보아야 한다.

'풍요로울 때 환란의 시절을 잊지 말라' 는 고사가 있다. 지금이 한반도의 평화정착의 중요한 변곡점임을 잊어서는 안 된다. 모처럼 찾아 온 기회다. 당연히 남북관계는 점차 더 발전된 방향으로 나아가야 한다. 남북대화를 발판으로 한반도 통일과 평화체제가 실현될 수 있도록 만들어야 한다. 한반도 문제는 궁극적으로 우리의 주도적 노력이 필요하다. 그러려면 북한이나 미국의 생각이 어디에 있는지 역지사지와 지피지기의 냉철한 판단이 선행되어야 한다.

먼저 북한이 왜, 새해 들어 갑자기 태도를 바꾸었는지를 알아볼 필요가 있다. 그것은 김정은 위원장의 신년사를 복기해 보면 답이 나와 있다. "지난해 '핵무력 완성' 의 성과를 토대로 대내적으로는 '경제의 활성화' 대외적으로는 '남북관계개선' 돌파구 마련에 중점을 둔다" 고 했다. 이를 바꾸어 말하면 국제사회를 향해서는 핵무력 완성에 대한 강한 자신감을 표출한 것이다. '핵단추가 내 책상 위에 있다' 는 것은 핵보유국을 절대 포기하지 않겠다는 기존 노선의 재확인으로 보아야 한다. 이는 비핵화를 주장하는 남한과 정면으로 배치되는 것으로 향후 남북관계노정에 가장 큰 걸림돌로 작용할 것이다.

또 남북관계 개선에 방점을 두어 다방면의 접촉과 왕래 등을 적극적으로 추진하겠다고 천명했다. 당연히 한반도의 미래를 위해 매우 다행스럽고 고무적인 일이다. 하지만 그것은 북한의 진정성 문제와 연결되어 있다. 과거 전력으로 볼 때 남한과의 대화분위기를 조성함으로써 강성 이미지를 탈피하고 국제사회의 제재 국면을 무디게 해 핵능력 고도화를 지속하기 위한 위장평화공세가 아닌지 경계해야 할 대목이다.

미국도 새해 들어 태도를 바꾼 것은 마찬가지다. 지금은 남북대화를 지지하고 북미대화에도 개방적 시각을 보이고 있지만 그 동안 일관되게 북한과의 대화나 북핵 논의는 시간 낭비이고 바보짓이라고 비난해왔다. 북한의 남북대화 제의가 있기 전까지만 해도 트럼프 대통령의 강성발언은 거침이 없었다.

평창올림픽이 코앞에 와 있고 북한과의 모든 대화채널이 막혔던 상태에서 남북대화가 성사되었기 때문에 잠시 관망하며 숨고르기를 하고 있다고 볼 수 있다. 미국은 남북회담 다음의 최우선 순위는 북한의 비핵화임을 이미 못 박고 있다. 북한은 이번 남북회담이 국제사회와 화해할 수 있는 기회이자 위기라는 점을 명심하고 행동으로 보여주어야 한다.

앞으로 남북 대화가 지지부진하거나 북한이 비핵에 대한 태도 변화가 없다고 판단되면 언제라도 대화 이전의 국면으로 회귀하고 말 것이다. 남북이 역사적 사명감을 가지고 신중하고 전향적 자세로 임한다면 남북대화는 성공을 거둘 수 있을 것이다. 남북은 물론 국제사회가 성급하게 속도를 내기보다 신뢰 축적에 집중하기 바란다. 남북대화를 발판으로 한반도에 평화가 정착되기를 기대한다.

南北統一

# 2부

# 북핵문제의 근원적 해법

북핵은 물론 세계 모든 핵도 폐기해야 (2006. 10. 13.)
북핵 6자회담 정략의 장을 경계한다 (2006. 11. 21.)
북핵 6자회담 성공하려면 (2007. 02. 12.)
북핵 지금은 버려야 할 때다 (2009. 02. 24.)
북핵, 그래도 대화가 해법이다 (2009. 07. 28.)
한반도 평화통일의 걸림돌이 된 북핵 (2013. 02. 20.)
북한, 이젠 그만 멈추어야 한다 (2016. 03. 21.)
북한의 고립, 근원적 해결책은 비핵화 (2016. 04. 18.)
북핵과 외교안보환경 변화에 주목해야 (2016. 05. 30.)
북핵, 한명회보다 서희가 필요하다 (2016. 10. 24.)
북핵의 진화와 미·중의 선택, 그리고 한반도 (2017. 02. 27.)
북한 핵무력 완성의 허와 실 (2017. 12. 18.)

# 북핵은 물론 세계 모든 핵도 폐기해야

(2006. 10. 13.)

북한이 마침내 마지막 카드를 꺼내고 말았다. 그동안 북 · 미가 벌여온 지루한 힘겨루기 도박에서 히든카드로 여겼던 핵실험을 강행함으로써 한반도의 안보가 뿌리째 흔들리고 국제사회가 긴박하게 돌아가고 있다. 국내 증시가 출렁이고 금강산 관광의 무더기 해약 사태, 개성공단을 비롯한 남북경협의 존폐 여부와 대북정책의 방향전환이 논의되고 있다.

국제사회는 의장 성명이라는 경고에도 불구하고 핵실험을 강행한 북한에 대해 UN이 긴급 안보리를 소집해 강력한 제재조치를 취할 것을 결의했으며 특히, 'UN헌장 7장' 에 따른 군사제재 조치까지 심각하게 고려하고 있는 것 같다.

이 모든 것이 강 건너 불이 아니다. 우리에겐 초긴장상태에 돌입하는 불행일 뿐 아니라 심지어는 민족의 생존과 국가의 사활이 걸린 문제이다. 이 시점에서 누구의 책임이 더 큰가는 의미가 없다고 본다. 북한과 미국, 그리고 우리 정부 모두가 차이는 있겠지만 그 책임을 면할 수 없을 것이기 때문이다.

이번 사태를 자세히 들여다보면 그리 놀랄 일이 아니다. 북한은 이미 핵실험을 하겠다고 예고하지 않았던가. 마치 영화의 예고편처럼 지난해 2월 핵무기 보유를 선언하고 연이어 미사일 발사, 핵실험 계획 발표, 핵실험 강행으로 이어져 왔다. 사전에 예고해 왔던 것은 협상에 목말라 있었다는 반증이기도 하다.

그런데도 우리 모두는 예정된 시나리오를 지켜보고 있었을 뿐 대책은 미흡했다. 지금도 마찬가지다. 앞으로 닥칠 더 큰 불행과 파국을 막기 위해서 발 빠른 대응과 대책이 필요한 시점이다. 그러기 위해 우선 북한에 대해 적극적인 설득이 선행되어야 한다.

북한은 추가 핵실험은 물론, 핵기술 이전 및 더 이상의 도발을 자행해서는 안 된다. 그것은 스스로 파멸을 자초할 뿐 아니라 한반도와 민족 전체를 위험 속에 빠뜨리는 돌이킬 수 없는 선택이기 때문이다. 또한 이 위기를 극복하기 위해서 한 가지 분명한 것은 평화적으로 해결해야 한다는 것이다. 어떠한 경우라도 대화로 해결하는 것을 포기해서는 안 될 것이다. 남 · 북 정상의 회동이나 북 · 미가 직접 대화할 수 있는 환경조성의 노력도 고려해야 한다. 한반도가 화염에 휩싸이는 군사제재만큼은 결단코 막아야 한다.

세계 평화를 위한 가장 확실한 방법은 북한의 핵은 물론 핵보유국 모두가 함께 핵을 폐기하는 것이다. '핵확산금지 조약(NPT)' 을 '핵폐기조약' 으로 전환할 것을 제안한다. 현실적으로 실행하기 어렵다는 것을 모르는 바 아니나 '핵폐기조약' 이야말로 제2의 북한의 출현을 막고, 세계평화를 구축할 수 있는 가장 확실한 방법이기 때문이다.

위협이나 제재만으로 평화를 담보할 수는 없다. 이란도 제재에는 제재로 맞서겠다고 선언한 바 있고, 북의 핵실험은 미국의 위협과 모욕에 대한 반작용일 수도 있다. 그 뿐만이 아니다. 일본과 대만도 발 빠르게 핵을 가지려 할 것이고, 심지어 우리나라도 핵을 보유해야 한다는 여론이 비등할 것이다. 이 모두가 세계평화와는 거리가 먼, 지구촌을 화약고로 만드는 매우 위험한 선택이 될 것이다. 미국과 러시아를 비롯한 강대국들은 함께 핵을 버리는 위대한 결단으로 세계평화에 기여해야 할 것이다.

# 북핵 6자회담 정략의 장을 경계한다

(2006. 11. 21.)

북한이 미국과 접촉을 갖고 6자회담에 복귀하겠다고 발표한 이후 북의 핵실험으로 인해 한반도와 동북아에 드리워졌던 긴장이 해소되고 접점을 찾지 못해 평행선을 달리던 북핵문제에 대한 대화의 실마리를 찾은 것은 그나마 다행스러운 일이 아닐 수 없다. 그러나 6자회담 당사국들이 협상 테이블에 앉아 만족스러운 결과를 얻어내기까지는 곳곳에 적지 않은 암초가 도사리고 있다.

모처럼 조성된 대화의 불씨를 살리고 한반도의 평화구축을 위한 교두보를 마련하기 위해서 우리는 낙관적인 기대보다 냉철한 판단과 신중한 접근이 요구되며 적극적인 조정자 역할을 자임해야 한다.

그 이유는 북·미간의 입장차가 너무 커서 합의점을 도출하기가 쉽지 않아 보이기 때문이다. 6자회담 재개 발표 후에 나온 북·미의 성명을 보면 미국은 북한이 아무런 전제조건 없이 회담에 복귀한다고 했으나 북한은 11월 1일 외무성 발표를 통해 금융제재 해결이 6자회담 복귀의 전제조건이라고 주장하는가 하면 15일 한미일 6자 수석대표 하노이 회동에서 크리스토퍼 힐 국무부 동아시아 태평양담당 차관보는 북한이 핵확산방지조약에 복귀하고 비핵국가가 되는 것이 6자회담의 주의제가 될 것이라고 밝혀 북한이 주장할지도 모르는 핵보유국 지위와 6자회담의 핵군축회담 전환을 사전에 차단하려는 강한 의지를 보임으로써 시작도 하기 전에 균열의 조짐마저 보이고 있다.

또한 6자회담이 각국의 정략의 장이 되는 것을 경계해야 한다. 휴전 반세기가 넘은 한반도를 놓고 다른 나라들이 테이블에 둘러앉아 홍정하는 것을 더 이상 지켜보는 것은 참으로 딱하고 참담한 일이기 때문이다. 이번이 한반도 평화정착을 위한 마지막 회담이 되도록 최선을 다해야 할 것이다. 그러기 위해서는 6자회담 당사국들(특히 북 · 미)이 속마음을 숨긴 채 위기돌파를 위한 시간 끌기나 대외적으로 보여주기 위한 회담, 자국의 이익만을 추구하는 회담이 아니라 실질적으로 한반도 평화를 위한 책임감 있는 자세와 행동이 요구되는 것이다.

미국은 북한의 안전을 보장해 주고, 북한은 모든 핵무기를 포기한다는 가장 기본적인 틀에서 벗어나서는 안 된다. 그러한 의지가 없는 회담은 아무런 의미도 없을 뿐 아니라 시간만 낭비하고 각국의 신뢰에 상처만 줄 뿐이다.

특히 북 · 미는 협상테이블에 앉기 전에 2005년 9월, 베이징에서 합의했던 내용들을 다시 한 번 상기해 보기 바란다. 그 당시 합의문을 보면 북한은 모든 핵무기와 기존의 핵프로그램을 포기하고 비확산조약에 복귀하며 국제 핵사찰을 받아들이기로 했고, 미국은 한반도에서 핵을 갖지 않으며 북한을 공격하거나 침공할 의사가 없고, 북한의 주권을 존중하고 외교적 승인과 경제 지원을 한다고 되어 있다. 이 합의문에 문제가 있다고 생각지 않는다. 다만 당사국들이 실천 의지보다는 정략적 접근으로 일관했기 때문에 실패한 것이다. 이번 6자회담에서는 지금까지의 잘못을 반면교사로 삼아야 할 것이다.

얼마 전, 외교 안보장관의 대폭적인 개각이 단행됐다. 하루속히 외교 안보라인을 구축해서 야당과 국민들의 의견을 충분히 반영한 일관된 목소리로 6자회담에 임해야 할 것이다. 우리에게 있어 북핵사태의 해결은 빠를수록 좋다. 시간을 끌수록 혼란만 가중되고 경제의 불확실성이 커져 경기가 위축될 뿐 아니라 한민족의 장래가 침체의 늪에 빠질 확률이 커지기 때문이다.

이 중차대한 시점에 정부와 국회는 지금까지의 소모적인 정쟁이나 소극적인 자세에서 벗어나 한반도의 평화를 저해하는 요소를 과감히 제거하고 적극적인 주인정신으로 우리에게 당면한 위기 극복에 앞장서야 할 것이다.

# 북핵 6자회담 성공하려면

(2007. 02. 12.)

북한 핵문제를 해결하기 위한 제5차 6자회담 3단계 회의가 2월 8일 중국 베이징에서 재개되었다.

현재 진행되고 있는 북핵 6자회담을 바라보는 시각은 한결같이 기대 섞인 전망들이 우세하다. 북한 핵실험 이후 강도 높은 경제 제재조치와 2차 핵실험 위협으로 맞서 꿈쩍도 않던 북한과 미국이 조금씩 양보하여 대화의 물꼬를 텄기 때문이다.

지난달 16일부터 18일까지 있었던 베를린 북미회동에서 양국의 긍정적인 태도변화가 크게 작용했을 것이다.

김계관 북한 외무성부상도 태도변화에 대한 기자들의 질문에 "모든 것은 변하는 것 아니냐?" 고 화답함으로써 6자회담에 대한 가능성을 한층 밝게 했다.

지금까지 상당부분 의견 접근이 이뤄지고 있는 이번 회담은 북핵폐기와 '9.19 베이징 공동선언' 이행을 위한 초기단계의 성격이지만 한반도와 동북아의 안전을 위해 다행스런 일이다.

그러나 여기서 우리가 주목할 것은 회담재개에만 몰입한 나머지 나무만 보고 숲을 보지 못하는 우를 범해서는 안 된다는 것이다. 그동안 수차례의 회담이 난산 끝에 재개되었지만 결국 큰 성과 없이 회담을 위한 회담에 그침으로써 시간만 낭비하고 상대방에 대한 불신과 실망만 안겨준 일이 많았기 때문이다.

근본적인 해결책이 없는 만남은 필요조건은 될 수 있어도 충분조건은 될 수 없다. 따라서 북핵 6자회담이 성공하려면 몇 가지 전제가 반드시 필요하다.

첫째, 당사국인 북한의 핵폐기에 대한 강력한 의지가 있어야 한다. 핵보유국에 대한 야심을 버리지 않고 이번 회담을 시간 끌기 위한 카드로 사용하거나 핵을 이용해 경제적 이익이나 금융제재를 풀기 위한 방편으로 생각해서는 안 된다. 핵폐기를 전제로 한 진지한 태도를 보여야 한다.

북한도 더 이상 낭비할 시간이 없다. 굶주림과 추위에 떨고 있는 인민들의 인권을 외면하고 "제2의 고난의 행군"이니 "벼랑끝전술" 같은 고립외교로 극한상황을 만들어서는 안 된다. 국제적 외톨이가 되어서는 얻을 것이 없다는 것을 알아야 한다.

지도자는 우선적으로 인민들을 추위와 배고픔으로부터 해방시켜야 한다. 그리고 국제사회의 신뢰회복도 중요하다. 얻을 것을 얻고 나면 약속을 저버리는 행태를 계속한다면 희망이 없다. 한반도에 더 큰 재앙만 초래할 뿐임을 명심해야 한다.

둘째, 미국을 비롯한 중국과 러시아 등 핵보유국들은 북한에 대해 핵폐기를 요구하고 설득할 수 있는 명분이 있어야 한다.

북한이 핵을 없애고 난 뒤 아프가니스탄이나 이라크처럼 강대국들의 공격에 대한 두려움이나 체제 붕괴의 우려를 불식시킬 수 있는 대안을 제시해야 한다.

또한 핵폐기에 걸맞는 충분한 경제지원을 통해 북한으로 하여금 국제사회에 문을 활짝 열어 핵을 갖는 대신 개혁개방으로 전환할 수 있는 단초를 마련해 주어야 한다.

종전처럼 북한이 요구하는 완전한 체제의 보장과 경제 지원에 대한 확실한 담보 없이 핵폐기만을 요구함으로써 선택의 여지없는 배수의 진을 치게 해서는 안 된다.

여기에는 세계 최강이라고 자부하는 미국이나 6자회담 의장국인 중국의 역할이 중요하다.

세계 평화를 위해 '지배의 리더십' 이 아닌 '봉사의 리더십' 을 발휘하여 북한이 거절할 수 없는 대안과 함께 실천가능한 방법과 구체적인 시간표를 회담 테이블에 올려놓아야 한다.

셋째, 회담 참가국들의 신뢰의 중요성이다. 대화와 타협으로 회담이 성공적으로 타결된다 하더라도 약속이행에 대한 신뢰가 담보되지 않는 회담결과는 물거품이나 다름없기 때문이다.

회담에 임하는 각국의 입장이 달라 자국의 희생 없는 이익만을 추구하거나 상대방에게 양보만을 고집하고 합의된 사항에 대한 실천이 없다면 불신만 초래하게 되고 대화의 단절은 물론 협상카드만 점점 소멸되어 평화적인 방법으로 해결할 수 있는 천금 같은 기회마저 잃게 될 것이다.

이번 회담에 임하는 각국이 유념해야 할 가장 큰 덕목이다. 결국 북핵 해결을 위한 6자회담 성공의 열쇠는 북미의 통 큰 결단과 참가국들의 신뢰에 달렸다고 할 수 있다. 한반도와 동북아는 물론 세계평화를 위해 좋은 결과가 있기를 기대한다.

# 북핵 지금은 버려야 할 때다

(2009. 02. 24.)

북은 지금 핵을 과감하게 버려야 한다. 지금은 한반도 평화와 통일에 도움이 되지 않는 핵보유국 전략을 거두고 6자회담에 올인해야 한다.

핵보다 더 큰 조국의 미래를 내다보며 경제적 실리와 국제사회 편입이라는 승부수를 던져야 할 때다. 핵보다 통일이 우선임을 잊어서는 안 된다. 핵보유는 조국통일을 이루고 국력을 키운 후에 시대 변화와 국제정세에 따라 그때 결정해도 늦지 않다.

세계는 핵을 축소하는 방향으로 가야 한다고 말한 오바마 행정부 출범을 계기로 획기적인 발상의 전환이 필요한 시점이다. 남측과도 대화의 창구를 활짝 열어야 한다. 금강산과 개성관광도 재개하고 남측의 대북지원도 조건 없이 받아들여야 한다.

또한 불필요한 군사행동이나 비방을 중지하고 모든 현안은 협상 테이블에 마주앉아 논의해야 옳다. 과거의 방식보다 변화를 택해야 한다. 개혁 개방의 기회를 잃고 소탐대실의 화를 자초하는 우를 범해서도 안 된다.

인류 역사는 강자가 약자를 지배하고 약탈하는 약육강식의 전형이다. 지금 이 시간에도 세계는 한 치도 어김없이 힘의 논리대로 움직이고 있다. 겉으로는 인류화합이니 세계평화를 표방하고 있지만 그것은 구호에 지나지 않는다. 오늘도 지구촌에 총성과 포성이 멈추질 않고 강대국들은 수천 기의 핵으로 무장하고 납득하기 어려운 주장을 펴고 있다.

좀 더 솔직해지자. 약소국의 핵보유는 안 된다는 말은 힘의 지배논리를 빼고는 설득력이 없다. 진정으로 인류평화를 원한다면 미국과 러시아를 비롯한 강대국들이 앞장서서 우리 모두 함께 핵무기를 폐기하자고 선언하고 실천에 옮겨야 옳은 것이다. 그것이 바로 힘의 지배논리가 아닌 진정한 봉사의 리더십이요, 세계평화의 상징이 될 것이기 때문이다.

그러나 그것은 현실적으로 실현가능성이 없다는 데 문제가 있다. 우리는 아직도 세계에서 유일하게 통일을 이루지 못한 분단국이요, 한 쪽에서는 수많은 동포가 기아선상에서 허덕이고 있는 것이 엄존하는 현실이다. 그러기에 특단의 조치가 필요한 것이다. 북핵문제는 이미 국제문제화 되어 외국의 간섭에서 자유로울 수 없고 한반도 평화와 통일에 걸림돌로 작용한 지 오래다.

북한은 자주를 외치고 외세를 배격한다고 하지만 핵문제로 인해 그 주장에서 자유롭지 못하다. 북핵 6자회담이 바로 그것이다. 무엇 때문에 한반도 문제를 가지고 이해관계가 다른 주변국들이 모여앉아 훙정을 벌이고 있는가.

그들이 진정 자국의 이익이나 안전보다 한반도 평화나 통일에 기여하기 위해서 노력하고 있는가를 생각해 보라. 한반도의 평화와 통일은 주변국이나 국제공조도 필요하지만 우리 스스로가 해결책을 찾는 노력이 선행되어야 한다.

미국에 앞선 대화의 상대가 남북이어야 하고 남북의 신뢰구축이 우선해야 한다. 남북이 함께 번영할 수 있는 해법을 찾는 일 또한 시급하다. 서로가 어려울 때 마지막까지 돕는 것도 한 핏줄의 동포들이란 사실도 명심해야 한다.

피는 물보다 진함을 독일과 베트남이 말해 주고 있다. 비극적인 분단으로 인해 비록 60여 년 다르게 살아왔지만 그보다 훨씬 긴 세월을 함께 살아온 한 형제임을 결코 잊어서는 안 된다. 한반도에서 완전한 자주란 남한과 북한이 통일이 되는 날 비로소 완성될 것이다.

현 시점에서 통일을 앞당기기 위해 그 첫 번째 할 일이 핵을 버리는 일이다. 진정으로 인민을 위하고 조국통일에 대한 의지가 확고하다면 북의 지도부는 결단을 내려야 한다.

외압에 굴복해서가 아니라 우리 조국의 미래를 위해 그리 해야 된다는 것이다. 남측도 북한을 자극하는 불필요한 행동을 삼가고 진정성을 알리기 위한 보다 적극적인 대화와 설득의 노력이 필요하다. 분야별로 지속적인 교류협력과 인도적인 지원 또한 아끼지 말아야 한다. 국제사회는 북한에 대해 핵포기에 걸맞는 충분한 대가를 제공해야 함은 물론이다.

특히 미·중을 비롯한 6자회담 당사국들은 북한이 공감할 수 있는 구체적 대안을 제시해야 한다. 북한을 움직일 수 있는 최고급 당근을 넉넉하게 내놓아야 할 것이다.

이것이 바로 북핵 폐기를 주장할 수 있는 명분을 살리는 길이고 답보 상태의 6자회담이 성공할 수 있는 핵심이며 한반도 평화와 통일로 가는 길이다.

# 북핵, 그래도 대화가 해법이다

(2009. 07. 28.)

한반도가 위험하다. 유엔 안보리는 북한의 도발적 저항에 단호하고 완강하다. 과거와 같은 북한의 벼랑끝 전술에는 속지 않겠다며 초강경 카드를 차례로 꺼내들고 압박수위를 높여가고 있다. 미국 오바마 행정부도 북한의 행위를 유치한 철부지 장난쯤으로 치부하고 핵포기 없이는 협상장에 돌아와도 대북제재는 계속될 것임을 경고하고 나섰다.

최근 400억 달러 포괄적 패키지도 거론되고 있지만 단기적 대북정책은 강경책이 분명하다. 북한도 이에 맞서 핵보유와 핵확산까지 장담하며 '더 이상 대화와 협상은 없고 6자회담은 영원히 끝났다.' '유엔 제재와는 상관없이 우리 식대로 간다' 며 첨예하게 대립하고 있다. 남북관계 역시 유일한 공식 협상통로였던 개성공단에 대한 실무접촉마저 단절된 상태가 근원적 처방도 없이 지속되고 있다. 물론 이 난맥의 실타래를 푸는 열쇠는 북한이 가지고 있다. 북핵에 대한 북의 태도변화가 핵심이기 때문이다.

지난해 북한군 초병에 의한 금강산 관광객 살해사건으로 금강산관광이 중단되었고, 이제는 남북의 혈맥을 이어주던 개성공단마저 정략의 도구로 삼아 오염시키고 있다. 개성공단 직원은 억류된 지 4개월이 지나도록 생사확인조차 안 되고 현실적으로 실행이 불가능한 조건을 줄줄이 내세워 남측의 불성실한 태도 때문에 협상이 결렬되었다고 책임을 전가하고 있다.

더욱이 북한은 성급한 판단으로 국제사회로부터 고립을 자초했고 비핵화카드까지 버리는 무리수를 두었다. 또한 김정일 국방위원장의 건강이상과 세습후계구도의 불확실성, 중국과 베트남식 개혁개방을 선호하는 엘리트그룹의 동요, 계속되는 굶주림에 지친 인민들의 충성심의 약화 등 체제유지의 한계상황에 직면해 있다. 입만 열면 모든 책임을 외부로 돌리지만 결국 내부 문제다. 아무리 외부에서 문을 두드려도 내부결속용 고육지책으로 문을 안으로 걸어 잠근 채 상식적으로 납득하기 어려운 행태를 보이며 위험한 불장난을 계속하고 있다.

그러나 그럼에도 불구하고 남북문제를 효율적으로 풀 수 있는 가장 바람직한 해법은 결국 대화에 있다. 어떠한 경우라도 대화의 통로는 열어야 한다. 대화의 끈을 놓아버리면 북한은 점점 더 폐쇄적이 될 것이고, 선택의 여지마저 없어지면 한반도의 불확실성은 그만큼 커질 것이다. 지금 당장 별다른 징후도 보이지 않고 겉으론 평온한 것 같지만 폭풍전야와 같은 침묵일 수도 있음을 결코 간과해서는 안 된다.

그런데 자칫 한반도의 운명을 가를지도 모를 이 어려운 시점에 우리의 정치권은 국가의 위기극복을 위한 창조적 지혜나 화합의 정치 대신 소아병적인 당리당략에 사로잡혀 국민들을 실망시키고 존재가치까지 의심받는 지경에 이르렀다. 이것이 광복과 분단 60년을 훌쩍 넘긴 2009년 한반도의 냉엄한 현실이다.

오늘의 상황은 과거와는 다르다. 북한의 불장난은 이미 도를 넘었다. 불놀이가 잦으면 불을 내기 마련이다. 막아야 한다. 과소평가하거나 지나친 낙관은 화를 불러올 수도 있다. 어떠한 경우라도 한반도가 전란에 휩싸이게 해서는 안 된다. 면면히 이어 온 우리의 조국과 민족의 미래를 위해 한미동맹이나 유엔의 압박정책에만 의존하는 방관자가 돼서는 안 된다. 잘못 될 경우 그 피해는 고스란히 우리 몫이기 때문이다.

이제 다시는 피땀으로 쌓아올린 우리의 공든 탑을 허망하게 무너뜨릴 수는 없다. 우리는 지금 풀기 어려운 난제들을 앞에 놓고 해법을 찾기보다 소모적이고 비생산적인 갈등으로 시간을 허비하고 있다. 여당과 야당, 보수와 진보가 편견과 아집을 버리고 지난 역사를 교훈삼아야 한다.

우리 모두의 통합된 지혜를 모아 남남갈등을 해소하고 북한을 대화의 테이블로 불러내야 한다. 6.15와 10.4 선언에 대한 특단의 조치와 남북대화가 여의치 않을 경우 북미대화나 5개국의 협력으로 실마리를 풀어가는 외교적 노력을 병행하는 것도 좋은 방법이다. 결국 북핵문제는 대화가 해법임을 잊지 말아야 할 것이다.

# 한반도 평화통일의 걸림돌이 된 북핵

(2013. 02. 20.)

북한이 또다시 핵실험을 했다. 핵을 이용해 한반도를 볼모로 체제안전을 도모하려는 위험한 도박을 벌이고 있다. 그러나 북한의 판단은 근본부터 잘못되었다. 핵개발에 매달릴수록 체제는 흔들리고 민생은 도탄에 빠질 것이며 국제사회로부터 고립은 심화되기 때문이다. 핵만으로 북한이 원하는 목적을 결코 이룰 수 없다. 체제의 안전도 한반도 통일도 점점 더 수렁으로 빠져들 뿐이다.

북한은 개혁개방으로 나서야 한다. 핵보다 더 큰 조국의 미래를 내다보며 경제적 실리와 국제사회 편입이라는 승부수를 던져야 할 때다. 핵보다 민생과 통일이 우선임을 잊어서는 안 된다. 북한은 이러한 중차대한 기회를 핵실험이라는 불장난으로 낭비하고 있다.

우선 남측과의 대화의 창구를 활짝 열어야 한다. 추가 핵실험은 물론 불필요한 군사행동이나 비방을 중지하고 모든 현안은 협상 테이블에 마주앉아 논의해야 옳다. 그 길만이 한반도 평화를 지키고 북한이 사는 길이며 남북의 교류협력도 상생으로 이루어질 수 있다. 또한 과거의 방식을 버리고 과감한 변화를 택해야 한다. 과거의 단맛에 취해서 개혁개방의 기회를 잃고 소탐대실의 화를 자초하는 우를 범해서는 안 된다. 핵을 이용해 국제사회와 흥정하려는 시도는 이제 현실적으로 실현가능성이 없다.

핵보유국의 획득은 멀고도 지난한 일이다. 그리고 매우 위험한 선택이다. 강대국들과의 흥정도 결코 쉽지 않은 일이다. 국제사회가 더 이상 계속 반복되어 온 양치기소년의 거짓말에 속지 않을 것이기 때문이다. 그러기에 긴 안목의 특단의 조치가 필요한 것이다.

우리는 아직도 세계에서 유일하게 통일을 이루지 못한 분단국이요, 수많은 동포가 이산의 아픔 속에서 고통 받고 있는 부끄러움과 참담함이 엄존하는 현실이다. 북핵문제는 이미 한반도 평화와 통일에 걸림돌로 작용한 지 오래다. 북한이 핵실험이나 미사일 발사를 하게 되면 곧바로 유엔 안보리가 소집되고 세계의 시선은 한반도를 주목하게 된다. 그것은 한반도의 긴장으로 이어지고 전쟁이 일어날 수 있는 위험지역으로 인식하게 되기 때문이다.

이는 한반도의 평화나 통일과는 역행하는 결과를 초래하게 된다. 결국 우리 민족의 불행을 스스로 자초하는 어리석은 짓이다. 그러기에 남한과 북한은 어떠한 경우라도 이를 경계해야 한다. 한반도의 평화와 통일은 주변국의 협력도 필요하지만 우리 스스로가 해결책을 찾는 노력이 선행되어야 함은 자명한 이치다. 미국이나 중국에 앞선 대화의 상대가 남북이어야 하고 남북의 신뢰구축이 우선해야 한다. 전쟁의 참화를 막는 것은 물론 남북이 함께 번영할 수 있는 해법을 찾는 일 또한 시급하다.

올해는 정전 60주년이 되는 해이다. 비극적인 분단으로 인해 비록 60여 년 다르게 살아왔지만 그보다 훨씬 긴 세월을 함께 살아온 한 형제임을 결코 잊어서는 안 된다. 한반도에서 완전한 독립과 자주란 남한과 북한이 지혜를 모아 평화를 지키고 통일이 되는 날 비로소 완성될 것이다.

북한은 한반도 평화와 통일을 앞당기기 위해 핵을 버려야 한다. 외압에 굴복해서가 아니라 우리 조국의 미래를 위해 그리 해야 된다는 것이다. 그리고 새로 출범하는 정부는 북한과의 대화를 단절하기에 앞서 한 번 더 생각해 보아야 한다. 한반도 통일과 평화를 위해 마지막 카드를 쉽게 포기해서는 안 된다. 단호하고 철저한 안보태세 확립과 더불어 진정성을 알리기 위한 보다 적극적인 대화와 설득의 노력이 병행되어야 한다.

다양한 교류협력의 방법 또한 지속적으로 모색해야 한다. 미국과 중국을 비롯한 국제사회 역시 북한의 학습효과만 높여주는 땜질식 처방을 반복해서는 안 된다. 강도 높은 제재에 앞서 북한이 공감할 수 있는 구체적 대안도 함께 제시해야 한다. 이것이 바로 북핵 폐기를 주장할 수 있는 명분을 살리는 길이고 북핵문제 해결의 핵심이며 한반도 평화와 통일에 봉사하는 길이다.

# 북한, 이젠 그만 멈추어야 한다

(2016. 03. 21.)

북한의 4차 핵실험과 장거리 로켓(미사일) 발사 이후 3개월째 남북관계는 전면 단절됐고 한반도는 '시계 제로' 상황이 되었다. 남한 정부는 과거와 다른 형태의 대북제재에 기민하게 움직였고 유엔 역시 대북제재 결의안 2270호가 발효되어 육로, 해운, 항공에 이르기까지 북한의 경제활동은 대부분 봉쇄되었다.

예년에 비해 그 규모가 커진 한 · 미 연합훈련에 맞춰 미군의 핵추진 항공모함과 스텔스 전략폭격기(B2) 등 가공할 최첨단 무기들이 한반도에 속속 집결하여 그 위용을 드러내고 있다. 또 정부의 사드배치 논의와 더불어 남한 일각에서는 자위적 핵무장론과 미국 전술핵무기의 재반입 주장까지 터져 나오고 있다.

폭주기관차처럼 멈출 줄 모르는 북핵 도발에 대해 세계는 매우 강력하고 단호한 공동대응에 나섰다.

그동안 북한의 후견을 맡았던 중국과 러시아까지 가세한 고강도 고립 · 봉쇄정책으로 전환하여 압박을 가하고 있다. 미처 예상치 못한 매서운 채찍으로 바뀐 정책에 당황한 북한은 이에 맞서 연일 국제사회와 대남 위협의 수위를 높여가고 있다.

개성공단 내 우리 측 자산을 완전 청산하겠다고 일방적으로 선언하는가 하면 남북간 경협 전면 무효화를 주장하고 연이어 단거리 탄도미사일을 발사했다. 심지어는 남한의 주요 항구를 핵으로 공격하겠다고 협박하고 있다.

세계를 향해 이미 핵탄을 경량화 했고 탄도 로켓에 맞게 표준화, 규격화를 실현했으며 '핵탄두 폭발시험' 은 물론 선제타격도 불사하겠다며 격한 협박성 막말을 쏟아내고 있다.

북한의 이 같은 급하고 거친 행보는 현재의 상황을 매우 엄중하고 심각한 위기로 받아들이고 있다는 반증이라고 볼 수 있다.

그만큼 우리 한반도의 정세가 불안정한 위험수위를 넘나들고 있는 시점이다. 그동안 중동과 남중국해에 머물던 전쟁의 기운이 한반도로 옮겨와서 어른거리고 있고 동북아는 지구촌 최대의 화약고가 되어가고 있다.

이 모든 것의 근본적 원인은 북한의 4차 핵실험의 결과다. 대화를 외면하고 체제유지와 핵보유국의 지위를 얻기 위한 행보가 끔찍한 전쟁의 참화 속으로 몰아가고 있다. 근세 우리 한반도는 강대국들의 전쟁터가 되어 지난 세기에 수차례의 전쟁을 치렀다.

1895년 청일전쟁과 1905년 러일전쟁, 그리고 1950년 북한의 남침으로 인해 3년 사이에 300만 명 이상 희생된 6.25 한국전쟁 등이 한반도를 초토화시키고 폐허로 만들었다.

어떠한 경우라도 다시는 이런 일이 반복되어서는 안 된다. 북한은 결코 성공할 수 없는 자해행위를 중단하고 대화 테이블로 나와야 한다. 미국도 "우리는 6자회담 재개를 원하며 완전하고 검증 가능한 비핵화를 원한다"고 했고, 중국 또한 "한반도 문제를 대화 테이블로 복귀시키는 데 도움만 된다면 3자, 4자, 5자회담까지도 수용할 개방적 태도를 가지고 있다"고 했다.

이는 미·중 양국이 북한의 비핵화에 대한 강한 의지를 동시에 표명한 것이며 강력한 대북제재 또한 북한을 대화 테이블로 이끌어 비핵화를 실현하기 위한 포석이라 할 수 있다.

이젠 북한이 대답할 차례다. 핵을 끌어안고 공멸의 길로 갈 것인가, 아니면 핵을 포기하고 상생의 길로 갈 것인가, 그 선택은 북한에 달렸다.

북한은 더 이상의 도발을 멈추고 대화의 장으로 나와야 한다. 그리고 근본적으로 생각을 바꾸어야 한다. 핵무기를 사용해 권력을 지탱하고 인민의 운명을 담보로 체제를 유지하려는 허상에서 벗어나야 한다. 합리성과 자제력이 결여된 오판으로 민족의 불행을 초래하는 무모한 도박을 당장 중단해야 한다.

지난날 분열과 갈등으로 외세에게 나라를 침탈당한 치욕의 교훈을 잊어서는 안 된다.

지금 한반도를 중심으로 G2인 미국과 중국의 패권경쟁이 시작됐고 강대국들의 이해관계가 첨예하게 대립하고 있는 시점에 민족의 분열은 있을 수 없는 일이다.

수소폭탄 개발의 성공을 주장하고, 사정거리 1만 킬로미터 이상의 장거리 미사일 발사에 성공했다고 자랑할 때가 아니다. 먼저 인민들의 의식주부터 챙기고 민족의 미래를 함께 고민해야 한다. 개혁과 개방의 문을 열고 통일을 향해 나아가야 한다. 그러려면 이제 그만 멈추어야 한다.

# 북한의 고립, 근원적 해결책은 비핵화

(2016. 04. 18.)

중국에서 운영하는 북한의 식당 종업원 13명이 탈출해 국내로 들어왔다. 또 외교관 가족과 군 고위급 장교의 탈북사실도 확인되었다. 유엔의 대북제재와 한국 정부가 해외 북한식당 이용자제 등의 독자적 대북제재 조치를 취한 지 한 달만의 일이다.

김정은 집권 후 국경 단속과 탈북에 대한 감시를 대폭 강화했음에도 일어난 집단탈출은 북한으로서는 충격적인 사건이다. 체제의 기둥 역할을 하던 군 간부나 외교관은 물론이고 해외식당에서 외화벌이에 나선 종업원들 대부분이 북한의 중산층 이상으로 출신 성분이 좋은 것으로 알려지고 있다.

그래서 이들의 집단탈북이 예사롭지 않다. 현재 북한 내부의 민심동요를 읽을 수 있는 대목이기 때문이다.

북한은 4차 핵실험과 미사일 발사 이후 대북제재가 강화되면서 내우

외환에 시달리고 있는 형국이다. 특히 의존도가 절대적이었던 중국마저 제재에 동참해 단호한 입장을 보이자 경제사정이 더욱 악화된 것으로 보인다.

실제로 유엔식량농업기구(FAO)에 따르면 올해 초부터 북한주민의 식량배급량이 전년도 대비 10% 정도 줄었다. 수출은 반 토막 나고 외환보유고도 고갈되어 북한경제에 직접적인 타격을 주고 있다. 북한에 투자를 약속했던 외국기업들도 약속이행을 꺼리는 등 대북 투자까지 동결되고 있는 실정이다. 주민들 사이에서는 '제2의 고난의 행군'을 겪을지도 모른다는 불안심리가 증폭되고 있는 상황에서 이번 집단탈출 사건이 터진 것이다.

북한의 해외식당은 그동안 개성공단과 함께 외화벌이의 주 수입원이었다. 중국과 베트남, 캄보디아 등 130여 개의 식당에서 연간 1000만 달러 이상을 벌어들인 것으로 알려졌다. 이번 사태의 발단은 영업부진의 문책이 두려워 탈출했을 것으로 생각되지만 더 큰 이유는 대북제재의 파급효과가 북한 근로자들 사이에서 김정은 체제에 대한 불안과 실망감으로 번져가고 있다는 사실이다.

이들은 해외에서 생활하며 TV와 인터넷으로 한국의 드라마와 영화 등을 통해 남한을 동경하고 있었고, 한국에 오는 데도 서로 마음이 통해 아무도 거부하지 않았다고 했다. 북한은 해외 식당뿐 아니라 전 세계에 5만 명에 달하는 해외 근로자가 자신의 의사와는 상관없이 외화벌이에 동원되고 있고, 거기서 벌어들인 돈을 핵무기의 진화에 쏟아 붓고 민생은 외면했다. 그러기에 북한 주민들의 불만과 동요는 당연하다고 볼 수 있다.

대북제재로 인해 북한이 처한 절박함을 나타내는 조짐은 최근 발표된 북한 국방위원회의 담화에서도 엿볼 수 있다. "야만적인 제재소동이 우리 삶의 공간을 완전히 질식시키고 있다"며 협상 마련이 근본 해결책임을 제시한 바 있다.

겉으로는 국제사회의 제재가 별무효과라고 강변하면서도 협상카드를 이용해 국면전환을 꾀하려는 이중적 태도를 보이며 출구를 모색하고 있는 것으로 보인다.

그러나 '도발 뒤에 대화제의'라는 강온양면전술은 그동안 북한이 수없이 반복해 온 것이다. 이제는 신뢰가 상실되어 여기에 넘어갈 나라는 없다. 북한은 지금도 계속해서 핵무기의 소형화와 다종화, 다양화를 외치며 핵탄두의 기폭장치 대기권 진입능력까지 과시하고 있고 다음달 36년 만에 열리는 제7차 노동당대회를 앞두고 체제결속을 위해 추가 핵실험을 감행할 수도 있다는 전망까지 나오고 있다.

북한은 하루빨리 미망에서 깨어나야 한다. 그리고 생각을 바꾸어야 한다. 북핵으로 인해 한반도에 드리워진 모든 악순환의 고리를 끊어내야 한다.

근본적 해결책은 북한의 비핵화에 있다. 북한은 더 늦기 전에 비핵을 선언하고 통일을 위한 대화 테이블로 나와야 한다. 외국으로부터 한반도의 자주권이 침해를 받는 것도, 통일의 어려움을 겪는 것도, 북한의 고질적인 경제적 빈곤도, 인권탄압으로 인한 체제이탈도 결국 북핵에서 비롯된 것이다.

주민들의 인권이나 민생에는 관심이 없고 대를 이어 오직 핵과 미사일 개발에만 매달리는 한 아무것도 달라질 게 없다. 제4차 핵안보정상회의에서 세계 정상들도 한 목소리로 북핵 불용의지를 확인했다. 북한의 핵포기를 이끌어 내기 위해 강력한 대북제재를 일관되게 추진하기로 합의했다. 중국 시진핑 주석 역시 한반도의 비핵화 실현을 위해 중국의 역할을 다하겠다는 점을 분명히 밝힌 바 있다. 북한이 고립에서 벗어나는 길은 비핵화 밖에 없다.

# 북핵과 외교안보환경 변화에 주목해야

(2016. 05. 30.)

제7차 노동당대회에서 핵 · 경제 병진노선을 공식화한 북한이 이젠 연일 평화공세를 펴고 있다. 스위스, 러시아 등의 대북제재가 예상보다 강해지고 있고 한반도 긴장의 책임을 남으로 떠넘기려는 의도로 보인다.

북한은 변화를 기대했던 국제사회를 향해 '핵보유'를 못 박고 오히려 핵을 더 강하게 움켜쥐었다. 이는 대북제재에 맞서겠다는 의지의 표명이며 비핵화를 통한 개혁 개방은 없다는 것을 선언한 것이다. 그러나 이것은 우방이 없이 허허벌판에 홀로 남겨진 북한의 아주 잘못된 선택이다. 핵 · 경제 병진노선을 당 규약에까지 명시한 이상 북한이 먼저 비핵화를 입에 담기는 어렵게 되었다.

이제 북한은 모든 사안을 핵보유국 반열에서 대응하려 할 것이다. 따라서 이에 따른 정부의 외교 안보정책의 변화와 대비가 필요하다. 국제공조가 관건인 대북제재에만 기대어 시간을 허비해서는 안 된다. 미국 오바마 정부가 북핵에 대한 정책으로 내세웠던 소위 '전략적 인내'는 실패했다는 평가를 받고 있다.

6자회담의 문턱을 높여놓고 재정적자와 미군들의 희생방지라는 명분으로 북핵을 방치하고 중동에만 관심을 쏟는 사이 북한의 핵과 미사일은 소형화, 경량화, 다종화로 진화했고 잠수함발사탄도미사일(SLBM)을 개발하기까지 이르렀다. 그에 따른 위협적 요인은 기하급수적으로 증가했고 북한의 협상력만 높이는 결과를 초래했다. 한반도의 비핵화와 안보는 치명적 위협에 놓이게 되었다.

남한 정부는 이를 반면교사로 삼아야 한다. 소극적 대응보다는 적극적인 해결책을 찾아야 한다. 능동적인 외교정책이 요구되는 이유다. 남한 정부가 주도해 나갈 외교안보와 대북정책을 찾아야 한다. 언제 어떻게 변할지 모르는 국제공조에만 기대거나 남북의 냉각기가 당분간 지속될 것 같다는 식의 안이한 대처방식으로는 변화무쌍한 국제정세의 파고를 헤쳐 나갈 수 없다.

현재 한반도는 북한의 핵·미사일 위협뿐만 아니라 동아시아질서가 크게 요동치는 중심에 서 있다. 미래를 가로막는 난제들이 겹겹이 쌓여 있다. 가장 큰 난제는 역시 북핵문제다. 북한의 5차 핵실험도 소멸된 것이 아니라 시기만 저울질하고 있을 뿐이다. 기회만 되면 언제든지 실행에 옮길 것이다.

한반도를 중심으로 동북아에서 패권을 다투고 있는 미국과 중국을 설득해 협력을 이끌어내는 것이 무엇보다 중요하다. 자칫 느슨해질 수 있는 대북제재를 재점검해서 실효를 거둘 수 있게 하고 우리 군의 대북

억제력도 유사시에 실질적으로 안전보장을 담보할 수 있도록 해야 한다.

북한의 동향도 면밀히 살펴야 한다. 북의 거듭된 대화제의에 대해 비핵화 우선원칙을 밝히고 입장 표명부터 요구한 남측의 역제안과 해외식당 종업원의 탈북 이후 감시를 강화했음에도 추가 탈북이 이어지는 등 체제안전이 불안해지면 대남도발을 벌일 가능성이 높다. 또 남한과의 대화가 여의치 않을 경우 평화협정을 고리로 대미관계 개선을 위한 대화공세에 올인할 것으로 보인다.

미국도 북한과의 평화협정 카드를 테이블 위에 올리려는 정황이 나타나고 있다. 경선 막바지로 치닫고 있는 미국 대선도 주목해야 한다. 아직 예단하기는 이르지만 공화당 후보로 입지를 굳힌 '트럼프 리스크'가 미국뿐 아니라 우리에게도 현실로 나타날 수 있다는 전제하에 여기에 대한 대비책 또한 마련되어야 한다.

북·중 관계도 방심해선 안 된다. 한미일 공조가 표면으로 떠오를수록 순망치한의 위기를 방어하기 위한 중국의 태도변화는 언제든지 나타날 수 있다.

한미동맹과 마찬가지로 북·중 역시 유사시에는 외면할 수 없는 혈맹관계가 분명하기 때문이다. 북한의 비핵화를 이끌어내기 위한 선제적 대화제의와 다자협상을 위한 노력 또한 병행되어야 한다.

비핵화 조치가 우선이라는 입장만 견지할 것이 아니라 남북문제에 대한 협상의 주도권을 확보하기 위해서라도 비핵화를 위한 대화요구에 응하도록 끊임없이 설득해야 한다. 북한의 평화공세가 고립을 탈피하기 위한 출구전략인지 대북제재를 완화시키기 위한 시간벌기인지 남남갈등을 유발하기 위함인지 진정성 파악을 위한 노력도 게을리 해서는 안 된다.

이 같은 불안정한 외교안보 환경의 변화에 적극적이고 철저한 대비가 필요하다. 21세기 한국외교의 성패는 남북을 비롯해 미·중, 한·미, 한·중 등의 양자외교를 조화롭게 이끌어가는 주도적 창조외교의 실현에 달려 있다.

# 북핵, 한명회보다 서희가 필요하다

(2016. 10. 24.)

우리나라의 역사서를 읽어 본 국민이라면 서희와 한명회를 모르는 이는 없을 것이다. 서희는 담대하고 논리적인 외교술과 불타는 애국심으로 어려움에 처한 나라와 백성을 구했다. 또한 강동6주를 되찾아 영토를 넓혔다. 한명회는 타고난 불세출의 경륜과 지혜를 오직 정권창출과 일신의 영달만을 위해 썼기 때문에 사후 주검까지 욕을 당하는 수모를 겪었다.

북한의 5차 핵실험 이후 한·미 양국에서는 북핵 해법에 대해 백가쟁명식 논쟁이 벌어지고 있지만 이렇다 할 대안은 없다. 남북관계는 파탄난 지 오래고 한 치 앞도 내다볼 수 없는 준전시상황에 가까운 상태가 계속되고 있다. 6차 핵실험의 불씨가 꺼진 것도 아니다. 여전히 북한의 핵미사일 위협은 한반도뿐 아니라 전 세계의 불안요소로 작용하고 있다.

북한의 김정은 정권은 체제불안정과 강도 높은 대북제재의 감당하기 어려운 압박감 속에 오직 핵개발에만 올인하고 있다. 핵·경제 병진노선이 아니라 핵 우선주의가 되어 점점 더 폐쇄적이고 반항적으로 치닫고 있다. 이 같은 북한의 막가파식 도발에 대해 미국의 일각에서는 대북 선제타격, 예방타격론까지 제기되고 있는 실정이다.

그러나 대북 선제타격은 한반도의 전면전은 물론 자칫 세계 핵전쟁으로 확대될 수 있는 사안으로 신중한 접근이 요구된다. 냉정한 이성의 눈으로 보아야 할 것이다. 외교가 막혀 제대로 작동하지 않으면 군사전략에 몰두하게 된다는 키신저의 말을 떠올리게 된다.

핵문제는 이제 과거와는 전혀 다른 새로운 국면으로 접어들었다. 지난 정부가 당근과 채찍 두 가지 방법을 다 써봤지만 제재도 협상도 모두 실패하고 말았다. 이젠 제재도 협상도 과거와 같은 방식으로는 한계를 드러낸 지 오래다. 더구나 지금 대북제재의 열쇠는 중국이 쥐고 있고 대북협상 카드는 미국이 쥐고 있는 상황이다.

따라서 그에 따른 우리만의 대안이 마련되어야 한다. 그것은 외교의 힘이다. 외교력으로 돌파구를 찾아야 한다. 이전과는 다른 파격적인 외교전략과 전술로 전환해야 한다. 강대국의 힘에 굴복하거나 의존에서 벗어나 그들을 설득하고 협조를 요구해야 한다. 남북관계도 우리가 견인할 수 있는 방법을 모색해야 한다.

지금 우리의 현실은 급박하다. 북핵뿐 아니라 경제도 위기다. 세계의 주요 연구기관들은 우리나라 경제에 대해 올해 4분기와 내년 초까지 1%대 성장을 경고하며 이미 구조적 위기국면에 들어섰다고 평가하고 있다. 저출산 고령화 문제도 대책마련에 있어 더 이상 늦출 수 없는 단계에 와 있다. 설상가상으로 대형재난까지 우리를 위협하고 있다. 한마디로 내우외환에 처해 있는 형국이다.

이처럼 위중한 시기임에도 노사갈등은 심화되고 여야는 정쟁에만 몰두하고 있다. 머리를 맞대고 협치에 협치를 거듭해도 모자랄 판에 폭로전으로 시간만 낭비하고 있다. 위기극복을 위한 대안 제시나 발전적 토론보다는 감정적 대응으로 일관하며 국민들을 실망시키고 있다.

우리를 둘러싸고 있는 주변국들의 움직임도 예사롭지 않다. 중국은 '북핵불용의 원칙' 에는 미국과 의견이 일치하지만 한반도의 사드배치는 미국의 무기체계이고 MD체계라며 결연히 반대하고 있고, 대북제재에 동참은 하면서도 정작 결정적 압박에는 발을 빼는 행보를 보임으로써 북한의 퇴로를 열어주고 있다.

일본은 아베의 오만과 독선이 도를 넘고 있다. 과거 침략근성 또한 버리지 않았다. 푼돈 10억 엔으로 일본군 피해 할머니 문제는 끝났고 사과는 털끝만큼도 생각지 않는다는 발언만으로도 그 진정성은 알 수가 있다. 평화헌법 개정이나 한 · 일 군사정보보호협정(GSOMIA)의 조속한 체결을 서둘러 또다시 군국주의로 회귀하려는 이율배반적 속성을 내보이고 있다.

11월 8일, 미국 대선에서 누가 당선되더라도 한반도에 대한 정책변화는 불가피할 전망이다. 북핵문제에 관한한 실패로 평가받는 오바마 정부의 대북정책을 그대로 답습하지는 않을 것이기 때문이다. 트럼프는 동맹국들의 안보 무임승차를 비판하며 방위비 증액은 물론 최악의 경우 주한미군 철수까지 언급하고 있다. 이는 한반도의 안보지형을 뒤흔드는 메가톤급 결과로 나타날 것이다.

아시아재균형전략을 강하게 주도하고 있는 클린턴 역시 마찬가지다. 김정은 북한정권을 가학적 독재자가 이끄는 지구상 가장 억압적 정권으로 규정하고 있지만 당분간 북핵문제는 해결이 난망하고 중국과의 패권경쟁은 더욱 심화될 것이다.

한국에게도 과거와는 다른 적극적 역할을 요구할 것으로 보인다. 주변 환경이 지금보다 훨씬 더 어려운 국면에 처할 것은 자명하다. 우리에겐 지금 냉철한 판단력과 탁월한 외교력을 갖춘 서희가 필요한데 정작 정파에 매몰된 한명회만 넘치는 것 같아 안타깝다.

# 북핵의 진화와 미 · 중의 선택, 그리고 한반도

(2017. 02. 27.)

트럼프 행정부 출범 후에도 북한의 핵 · 미사일 도발은 계속되고 있다. 유엔과 국제사회의 여론에도 개의치 않는다. 오직 체제 유지를 위한 모험적 공포정치를 앞세워 핵 · 미사일 개발에만 몰두하고 있다. 북한은 지난 12일에도 중거리 개량형 탄도미사일을 발사하였다.

북한이 공개한 '북극성 2형' 중거리 탄도미사일(IRBM)은 기존의 탄도미사일의 한계를 뛰어넘는 새로운 전략무기체계라는 점에서 우려하지 않을 수 없다. 앞으로도 이 같은 핵개발은 멈추지 않을 것이며 추가 도발은 반복될 것이다.

이제 북핵에 대한 대응전략은 전환되어야 하고 그 실체에 초점이 맞춰져야 한다. 2016년 국방부가 발간한 국방백서에는 북한은 핵무기 재료인 플루토늄을 50여 kg 보유하고 있다고 했다. 통상 핵무기 하나를 만드는 데 약 5kg의 플루토늄이 필요하다면 핵탄두 10여 개를 만들 수 있는 분량은 이미 확보한 셈이다. 또한 고농축 우라늄(HEU) 프로그램과 핵탄두의 소형화, 경량화 등 다양한 핵 투발수단을 과시하고 있다.

특히 이번에 선보인 고체연료 사용과 무한궤도형 이동식발사차량(TEL)은 북의 핵개발이 획기적인 전환점에 이르러 더 이상 핵실험을 하지 않아도 성능개량이 가능한 수준에 도달했다는 평가까지 나오고 있다. 임의의 시간과 장소에서 핵미사일을 발사할 수 있는 은밀성과 정밀성까지 갖췄다는 점에 주목해야 한다.

이 같은 전략무기체계가 잠수함발사탄도미사일(SLBM)이나 대륙간탄도미사일(ICBM)에까지 적용된다면 가공할 위협이 될 것이다. 미국 본토는 물론 한국과 미국이 추진하고 있는 사드나 우리 군의 킬체인, 한국형미사일방어(KAMD) 체계까지 무력화시킬 수 있다는 점을 염두에 두어야 한다.

이처럼 나날이 진화하고 있는 북한의 핵과 미사일에 대해 한 · 미 · 일 외교장관들은 '완전하고 검증 가능한 불가역적 원칙' 을 천명했다. 그러나 문제의 핵심은 미 · 중의 선택이다. 미국과 중국은 북핵의 근본적인 해결을 위해 대승적 차원에서 협력해야 한다. 중국은 지금까지 북한의 안하무인의 도발에도 대북제재에 소극적이었다.

뒷문을 열어놓고 여지를 둠으로써 북한의 핵 · 미사일 고도화를 간접적으로 지원하고 있는 것 같은 애매한 태도를 보이고 있다. 또 북핵문제에 대해서는 한 번도 이렇다 할 대안을 내놓은 것이 없다. 아직 사드가 설치 전인데도 한국 상품의 수입금지, 단체관광객 감축조치, 전세기 운항제한, 세무조사 등으로 압박만 일삼고 있다. 이 같은 졸렬한 행태는 대국답지 못한 처사다.

미국도 마찬가지다. 오바마 정부는 전략적 인내라는 미명 아래 북핵을 방치하더니 트럼프 행정부도 예외가 아니다. 북한의 도발이 예상되고 있었음에도 북핵문제는 후순위였다. 한미동맹 강화라는 변죽만 울리며 방위비 증액이나 계산하고 있다가 북한의 미사일 발사로 발등의 불이 떨어진 이후에야 '북한을 강력히 다룰 것' 이라며 뒤늦은 관심을 보이고 있다. 이는 아직도 뚜렷한 대북정책이 정립되지 않은 불확실한 상태에 있음을 의미한다.

북핵은 이제 한국만의 문제도 아니고 또 한국만의 힘으로 해결할 수 있는 범위를 벗어났다. 미국과 중국이 진정 북핵문제를 해결할 의지가 있다면 자국의 이익만을 위한 기 싸움을 중단하고 한반도와 동북아 평화를 위해 머리를 맞대고 고심해야 한다.

한국의 사드문제도 거기에 답이 있다. 그리고 어떠한 경우라도 전쟁이 아닌 평화를 최우선으로 한 방안을 내놓아야 한다. 미 · 중이 협력하면 얼마든지 가능한 일이다. 양국이 합심해서 북한의 획기적인 태도변화를 이끌어 내든지 북한이 더 이상 방어할 수 없는 제대로 된 대북공조를 하든지 근원적 해결책을 제시해야 할 것이다.

지금 한반도는 위기가 엄습하고 있다. 북한은 또 다른 도발을 감행할 가능성이 있고 다음 달에 실시될 한 · 미 합동군사훈련과 맞물려 긴장은 더욱 고조될 것이다. 그런데 정작 가장 앞장서서 문제를 해결해야 할 우리 정부는 선장 없는 대행체제를 유지하고 있고 정치권은 대권쟁탈전에 여념이 없다. 그래서 한반도 평화는 어떻게 지킬 것인지 북핵을 보는 미 · 중간의 시각의 차이를 어떻게 극복할 수 있을 것인지 외교적 해법을 찾아야 할 때다.

미국에 대해서는 트럼프 정부에 포진한 인적구성과 그들이 주장해 온 세계전략에 따른 동아시아 정책을 면밀히 살펴 맞춤형 대응외교를 펼쳐야 한다. 중국에 대해서도 우리의 안보주권을 지키기 위해서는 무엇이든 할 것임을 분명히 선언하고 동북아 평화를 위한 중국의 역할을 끊임없이 촉구해야 한다.

한반도의 위기극복을 위한 외교적 노력, 그 속에 불확실성을 타개할 정책이 내재되어 있음을 명심해야 한다. 그리고 어쩌면 현재와 같은 불확실한 시점이 북핵문제를 풀 수 있는 기회가 될 수 있다는 점도 간과해서는 안 될 것이다.

# 북한 핵무력 완성의 허(虛)와 실(實)

(2017. 12. 18.)

북한이 핵무력 완성을 선언했다. 75일간의 침묵을 깨고 미사일을 쏘아올린 북한은 성명을 통해 화성 15형은 대륙간탄도미사일(ICBM)로서 미 전역은 물론 세계 각국의 주요 도시를 타격할 수 있는 무기체계라고 주장하고 나섰다.

북한의 이 같은 핵 · 미사일 고도화는 한반도를 또다시 심각한 위기 속으로 몰아넣고 있다. 연초부터 전례가 없는 빈번한 도발을 강행하다가 한동안 자제하는 듯했고, 미국도 북 · 미 대화 성사를 은근히 바라는 징후가 엿보였다. 그러나 북한은 시종일관 핵보유국을 목표로 전략적으로 움직여 왔다는 사실을 여실히 보여주었다. 한국은 물론 미국도 중국도 속수무책 허를 찔린 셈이다.

특히 문재인 정부에게는 대북정책을 전면적으로 수정해야 할 만큼 심대한 타격을 주었다. 대통령의 중국 방문을 계기로 한 · 중 관계를 재정립하고 평창동계올림픽에 북한 선수단을 참가시켜 남북의 관계개선을 도모하려던 계획도 차질이 불가피하게 되었다.

그러나 좀 더 자세히 들여다보면 북한의 장거리 미사일 발사는 이미 예고되어 있었다. 시진핑 중국 국가주석의 특사로 북한을 방문했던 쑹타오 공산당 대외연락부장이 문전박대 당하고 빈손으로 귀국했을 때, 또 트럼프 대통령이 북한을 '살인적 정권'으로 규정하고 테러지원국으로 재지정했을 때 이미 초읽기에 들어가 있었다.

그러나 이것도 작은 빌미일 뿐, 북한은 애당초 핵·미사일을 중단하거나 없앨 생각이 없음을 만천하에 공언한 지 오래다. 그런데도 한·미·중 모두 애써 아닐지도 모른다는 막연한 기대가 있었다. 이제라도 북한은 결코 핵을 포기할 생각이 없음을 직시하고 그 바탕 위에서 해법을 찾아야 한다. 특히 주목해야 할 것은 핵·미사일 외에도 신형잠수함(SLBM)과 세계 최고수준의 생화학무기, 6000명 이상이 포진하고 있는 사이버무기(해킹과 테러) 등에 맞설 수 있는 전력증강과 보완에 시급한 대비가 필요하다.

또한 북한이 이 같은 전방위적이고 파괴적인 공격으로 나왔을 때 어떻게 대응할 것인지를 여야가 머리를 맞대고 논의하는 것이 급선무다. 북한은 이미 핵보유국 이후의 구상에 몰입하고 있다. 아버지 세대의 군부 핵심을 도려내고 선군(先軍)에서 선당(先黨)으로 정책의 중심축을 전환하면서 미국과 첨예하게 맞서고 있다.

북한의 미사일 도발 이후 유엔은 안보리를 소집해 대북제재 논의가 한창이다. 대북제재 성공의 핵심은 중국의 호응이다. 미국은 중국에게 직설적으로 대북 송유관 폐쇄를 압박했지만 중국은 반대하고 있다. 이는 러시아도 마찬가지다. 중국 스스로 북핵 해결을 위한 압박에 나설 것이라는 기대를 갖는 것은 순진한 생각이다. 중국은 충분히 그럴 능력은 갖추고 있지만 당장 행동으로 옮길 의지는 제로에 가깝다. 심지어 중국 내부에서는 북핵 용인 이야기까지 나오고 있는 실정이다.

국제관계에서 신뢰형성 없는 일방적 요구나 위협으로 해결된 예가 없다. 북핵 해법에 대한 미국 조야의 입장은 일관성이 없다. 북핵 대응에 대한 한 · 미 · 중의 생각은 온도차가 크다. 이를 극복하는 것이 북한을 움직일 수 있는 관건이다. 북한은 이 틈새를 최대한 활용하고 있기 때문이다. 북핵은 이제 방어나 대화목적이 아닌 실제 타격의 위협이 되고 있다.

그렇다면 북한은 문제가 없는가. 북한은 더 큰 문제를 안고 있다. 북한은 그동안 핵과 미사일의 잇따른 발사 성공으로 중대한 오판을 하고 있다. 핵무력 완성은 축복이 아니라 재앙이 될 수 있음을 잊고 있다. 북한이 핵무력 완성을 선언하고 샴페인을 터트렸지만 상황은 만만치 않다. 주변국들은 점점 더 강한 억제력으로 목을 조여 오고 있는데 핵무력 완성을 선포함으로써 쓸 카드를 다 소진하고 말았다.

또 핵무기의 배치나 유지비용이 핵개발비보다 훨씬 더 크다는 것도 문제다. 중국과의 관계도 예사롭지 않다. 중국 왕양 부총리의 말처럼 과거 혈맹관계에서 핵 문제로 인해 이제는 대립관계로까지 변하고 있다. 미국의 설득과 압박이 지속되고 우리도 할 만큼 했다고 판단되면 중국도 어떻게 변할지 장담할 수 없는 처지다.

북한이 더 공포감을 느낄 수밖에 없는 것은 지금 한반도의 하늘과 땅과 바다에는 북한을 향해 21세기의 가공할 최첨단 무기들이 속속 집결하고 있다. 그것도 금년에만 네 차례, 앞으로는 상시 대기할 것으로 보인다. 미국은 최후의 수단을 강구하고 있다. 미국의 중앙정보국(CIA)이 북한의 대륙간탄도미사일 프로그램을 저지할 수 있는 시한을 3개월이라고 못 박고 주한 미군 가족들의 철수 필요성까지 제기되고 있다는 보도는 매우 의미심장하다.

이제는 북한에 대한 선제공격이 불가피하다는 주장이 여러 경로를 통해 설득력을 얻고 있다. 생각할수록 참담하고 불행한 일이다. 문재인 대통령이 한국 동의 없는 대북 선제타격은 있을 수 없다고 했지만 결국은 북한과 미국의 태도여하에 달린 문제다. 북 · 미는 더 늦기 전에 조건 없이 만나야 한다. 도발과 협박을 멈추고 대화로 풀어야 한다. 한반도의 평화를 위한 현명한 결단을 촉구한다.

民族自尊

# 3부

# 한반도 평화통일의 여정

# 갈등의 한반도 3.1정신으로 풀어야

(2010. 02. 27.)

올해는 일본에게 나라를 송두리째 침탈당했던 경술국치 100년이 되는 해이다. 또한 우리 근대사와 세계 혁명사에 한 획을 그은 3.1독립운동 91주년을 맞는 해이기도 하다.

3.1 운동은 일제의 간악하고 포악한 식민지 통치하에서 자주독립을 쟁취하려는 우리 민족의 피맺힌 절규였다. 온 민족이 질풍노도처럼 일어났던 거족적이고 거국적인 독립운동이었다. 비폭력을 앞세운 공존공영에 대한 외침의 파급효과는 실로 컸다.

상해에서는 4월 11일 우리 임시정부가 출범했고 같은 처지에 놓여 있던 피압박 민족에게 자각과 구원의 불씨를 제공했다. 중국의 5.4운동을 시작으로 필리핀의 8월 여름독립시위, 터키의 민족운동, 이집트의 반영자주운동, 인도의 비폭력 무저항운동 등 잘못된 세계질서를 바로 잡는 데 기폭제 역할을 한 쾌거였음을 역사가 증언하고 있다.

그러나 지금 한반도의 현실은 어떠한가? 광복 65주년, 한국전쟁 60주년이 되도록 분단을 극복하지 못하고 통일을 이루지 못하고 완전한 독립을 쟁취하지 못한 채 북한에서는 위험한 불장난으로 긴장 조성에만 몰두하고 있고, 남한에서는 갈등과 반목으로 국론을 통합하지 못한 채 국정이 표류하고 있다.

우리는 선조들이 물려준 3.1정신의 위대한 문화유산을 박제된 역사의 한 페이지로 치부해 버리는 우를 범하고 있지는 않은지 냉철하게 반성해 보아야 할 때다. 헌법 전문에도 명시해 놓고 기념일도 제정해 챙기고 있지만, 정작 중요한 것은 그 정신을 오늘을 사는 우리의 이정표로 삼아 실천해야 할 일이다.

위기 속에서 하나로 뭉칠 줄 알고 위기를 발전의 계기로 승화시키는 우리 한민족 특유의 불굴의 정신을 발휘해 유구한 역사와 전통에 걸맞는 찬란한 문화를 꽃피우고 부강한 통일국가를 반드시 건설해야 한다. 일제의 무자비한 무력과 탄압 아래서도 큰 뜻을 향해 최후의 1인까지 최후의 1각까지 맨몸으로 저항하며 일구어냈던 3.1정신의 실행이 지금 우리 한반도에 절실히 요구되는 이유다.

3.1정신은 비폭력 평화의 정신이다. 자유와 인권과 도의사상을 앞세워 조선의 독립이 동양의 평화, 세계의 평화, 나아가 인류의 행복을 위함이라는 대명제를 분명히 밝히고 죽을지라도 폭력을 배척하는 철저한 비폭력 운동을 전개하였다. 실제로 유관순을 비롯한 수만 명의 사상자가 발생했음에도 비폭력 평화정신으로 일관한 운동이었다. 거대한 일본 제국주의의 정책까지 바꾸게 한 힘의 원천이었다.

그러나 지금 한반도에는 평화와는 거리가 먼 북핵문제가 초미의 관심사가 되고 있다. 북한은 칠천오백만 민족의 안위는 물론 동북아와 세계평화까지 위협하는 핵을 끌어안고 세계를 향해 홍정을 벌이고 있다. 위험한 발상이다. 인민을 위하여, 통일을 위하여, 세계평화를 위하여 북한은 핵을 버려야 한다. 한반도가 핵 위험지역이 아닌 세계평화를 선도해 가는 중심국가로 자리매김하기 위하여 북핵문제 해결을 위한 우리 모두의 더 큰 지혜와 적극적인 노력이 요구되는 시점이다.

3.1정신은 평등과 통합의 정신이다. 3.1독립운동은 조국 광복의 큰 뜻을 위해 빈부귀천과 지역을 뛰어넘고 이념과 종교의 벽마저 초월함으로써 민주주의의 굳건한 토대를 마련한 의식혁명이자 사회혁명이었다. 그렇게 되기까지 수십 번, 아니 수백 번의 대화와 타협의 과정이 있었을 것이고 소아를 버리고 대아를 취하는 살신성인의 아픔도 감내했을 것이다.

지금 우리는 남남갈등이 도를 넘고 있다. 그 중심에 서 있는 세종시 문제를 비롯한 수많은 정치현안을 앞에 놓고 첨예하게 대립하며 시간을 낭비하고 있다. 국가의 백년대계를 위한 정치통합, 지역통합, 계층과 세대의 통합을 위해 여야 정치인이나 지방선거에 임하는 후보자들은 명심해야 한다. 과정은 생략한 채 결과만 얻으려는 정략의 늪에 빠지지 말고 대승적 명분 아래 대범한 통합의 정치를 펼쳐야 할 때다.

3.1정신은 자주와 공영의 정신이다. 외세에서 벗어나 우리의 힘으로 제대로 된 반듯한 나라를 세우고 자기 스스로를 채찍질하고 새 운명을 개척하는 정신이요 상대방에 대한 배타적 감정이나 남을 파괴하려는 것이 아닌, 세계와 공유하면서 함께 번영하려는 글로벌 정신이다.

그동안 우리는 피땀 어린 희생의 대가로 산업화와 민주화 그리고 통일의 디딤돌을 놓았다. 경제규모가 세계 13위가 되었고 올림픽과 월드컵도 해냈다. 11월이면 주요 20개국(G20) 정상회의가 서울에서 열린다. 국제사회의 위상이 그만큼 높아진 결과다. 하지만 남북의 공영과 조국통일은 아직도 갈 길이 멀어 보인다.

이제 이 문제 해결을 위해 남북의 정상은 조건 없이 마주 앉아야 한다. 상생공영의 진정성을 알리는 데에도 인색해서는 안 된다. 남북의 상생과 통일이 이루어지지 않고는 3.1운동의 정신은 영원히 미완으로 남을 것이기 때문이다.

# 통일교육의 강화와 방향전환 있어야

(2010. 04. 19.)

독일은 분단 40년 만에 통일을 이루어 올해 통독 20주년을 기념하고 있다. 우리 한반도는 아직도 통일을 이루지 못한 채 분단 65년째를 맞고 있다. 더구나 한반도를 둘러싸고 있는 주변정세도 예단하기 어렵다. 통일의 최대 걸림돌인 북핵문제 해결을 위한 6자회담은 교착상태에 있고, 남북은 화해협력보다는 오히려 긴장국면이 조성되고 있다. 따라서 국민들은 통일에 대한 벅찬 감동이나 기대보다 회의적인 생각에 빠져들 위험이 있다. 우리 모두가 경계해야 할 대목이다.

한반도 통일이 언제 어떤 방식으로 이루어질지는 아무도 모른다. 그러나 통일이 불시에 찾아오든 아니면 점진적으로 실현되든 중요한 것은 국론통합을 바탕으로 지속적이고 효율적인 통일교육을 통해서 통일을 대비한 철저한 준비가 필요하다는 것이다. 역사적으로 볼 때 우리는 국제질서의 전환기에 능동적으로 대처하지 못해 큰 시련을 겪은 뼈

아픈 경험을 가지고 있다.

지금 우리 한반도는 또 한 번의 전환기에 서 있다. 무한경쟁과 급변하는 세계질서 속에서 평화통일과 민족번영이라는 두 가지 목표를 달성하기 위해서 반드시 넘어야 할 난제들이 우리 앞에 놓여 있다. 고차방정식보다 어려운 북핵문제 해결과 국제사회와의 공조, 생산적인 교류협력을 통한 남북의 상생과 공영, 이념과 지역을 뛰어넘는 소통과 화합의 남남갈등 해소, 통일 이후 한반도를 책임질 청소년들의 통일에 대한 긍정적 사고와 투철한 국가관, 작은 통일의 상징인 탈북자들의 안정된 정착과 조화, 그리고 북한의 실상을 바로 보고 바로 알고 바로 이해하는 올바른 대북관과 건전한 안보관, 이 모두가 지금 당장 통일교육이 담당해야 할 현안들이다. 그렇기 때문에 통일교육은 무엇보다 어렵고 중요하며 우선해야 하고 더욱 강화되어야 한다. 통일교육의 효율성 제고를 위한 방향의 전환 또한 필요하다.

첫째, 정치권과 정부는 국민통일교육의 청사진을 내놓아야 한다.

국민적 합의를 바탕으로 지속가능한 통일정책을 도출해 국력을 낭비하지 말아야 한다. 정략이나 개인의 견해를 앞세운 백가쟁명식 주장을 자제하고 국민들의 신뢰를 얻을 수 있는 혼이 담긴 통일 비전을 제시함으로써 미래지향적 통일교육이 되어야 한다. 국민들이 통일에 대한 관심에서 멀어지고 특히 청소년의 무관심은 도를 넘어 심각하다. 이렇게 국민들이 냉소적 반응을 보이는 것은 모두가 공감할 수 있는 통일에 대한 로드맵의 부재와 일관성이 결여된 정책으로 인한 혼란에서 비롯된 것임을 유념해야 한다.

둘째, 세대에 따른 맞춤교육으로 효율성을 높여야 한다.

지금 우리 사회는 급변하는 격동의 시대를 겪으면서 건국세대와 산업화세대, 민주화세대와 소위 G세대라 불리는 신세대가 있고, 탈북자와 다문화가정까지 혼재해 있다. 자기가 처한 입장에 따라 통일을 바라보는 시각과 우려하고 중요시하는 우선순위도 다르다. 포괄적인 통일교육으로는 성과를 내기 어려운 이유가 여기에 있다.

생각의 차이, 세대의 차이, 문화의 차이를 인정하고 그들의 관심도에 따라 교육의 방법과 접근하는 방식을 달리해야 한다. 각 분야별로 맞춤형 프로그램을 개발하고 전문강사를 투입해 실효성 있는 교육이 이루어져야 한다. 통일교육원의 위상과 조직을 확대하고 각 학교의 통일전문교사제의 도입과 전국에 포진되어 있는 사명감과 자질을 갖춘 통일교육위원의 활용도 좋은 방안이 될 것이다.

셋째, 통일대비교육과 함께 국가안보교육이 병행되어야 한다.

통일은 이미 시작되었는지 모른다. 통일 후에 필연적으로 나타날 수 있는 정치 경제 사회 문화 전반에 걸쳐 철저한 대비가 있어야 한다. 분단기간이 길지 않았다면 순조로운 일이지만 반세기가 훌쩍 넘은 지금 가치관을 포함해 모든 것이 이질화된 두 집단의 통합은 결코 쉽지 않은 일이다. 모든 가능성에 대한 준비와 그에 따른 치밀한 교육이 뒤따라야 한다.

그리고 통일전후에 관계없이 국가안보교육에 철저를 기해야 한다. 1%의 오차도 허용해선 안 된다. 국가안보가 무너지면 모든 것을 잃게 되기 때문이다. 그것은 성공적인 통일을 이루기 위한 필수요건이다. 우리는 통일을 원한다. 무력통일이 아닌 평화통일을, 빠른 통일보다는 바른 통일을 해야 하기 때문이다.

넷째, 긍정적이고 적극적인 통일교육이 되어야 한다.

특히 정치 지도층의 솔선수범이 관건이다. 통일은 반드시 이루어진다는 통일에 대한 강한 신념과 의지를 보일 때 국민들을 움직이는 지렛대가 될 것이다. 분단의 장기화에 따른 민족의 폐해를 주지시키고 합리적 보수와 대안적 진보의 모습을 보여줌으로써 통일한국에 대한 기대와 희망을 심어주어야 한다.

주변 강대국의 우호적 협조, 통일비용 문제, 통일 후에 있을지도 모르는 사회혼란도 우리는 능히 극복할 수 있고, 우리 한민족의 저력을 발휘하면 엄청난 국가발전의 원동력으로 승화시킬 수 있다. 앞으로 통일된 조국은 세계에서 가장 평화롭고 강력한 나라가 될 것이며 우리 모두가 통일한국의 주인공이라는 긍지와 자부심을 갖도록 하는 통일교육이 되어야 할 것이다.

# 통독 20주년, 그리고 한반도

(2010. 04. 24.)

독일이 통일된 지 20년이 되었다. 돌이켜 보면 1989년 11월 9일 베를린 시민들의 평화적인 힘이 도화선이 되어 40년간 굳건하게 자리를 지켜온 장벽을 단숨에 무너뜨렸다. 이는 전 세계를 놀라게 하는 충격적인 쾌거였다. 그리고 채 1년도 못 되어 1990년 10월 3일 전격적으로 독일은 통일정부를 수립했다. 실로 꿈같은 일이었다.

그 당시 독일 통일을 예견한 사람은 아무도 없었다. 서독의 콜 수상 자신도 통일은 아직 멀었다고 말할 정도로 불가능한 것이었다. 동독과 서독의 극렬한 대립에다가 양 진영에 미군과 소련의 군대가 수십 만씩 주둔하고 있는 상태에서 통일이란 상상하기 힘든 일이었기 때문이다. 그러나 독일은 통일을 이루었다. 그리고 유럽역사와 세계역사를 다시 만들어 가고 있다.

베를린 장벽이 붕괴되기 전까지만 해도 서독 국민들의 통일에 대한 의지는 빈약했다. 통일의 가능성이 전혀 없다고 생각했고 안정된 서독의 복지체제가 흔들려 자신들의 생활이 어려움에 처할 것을 염려했다. 동독 주민들의 생각도 마찬가지였다. 통일에 대한 가능성은 제로였다. 당시 소련의 영향력은 절대적이었고 국민들은 공산독재에 시달려 무기력했다. 통일보다는 분단을 선호하는 사람들이 훨씬 더 많았다.

그러나 베를린 장벽이 무너지고 난 후의 동서독 국민들의 생각은 완전히 바뀌었다. 통일은 당연한 것으로 받아들였다. 날이 갈수록 민족의식이 발현되기 시작했고 마침내 '우리는 하나다' 로 통합되기에 이르렀다. 왜 이처럼 극적인 변화가 단시일 내에 일어난 것일까. 자연발생적 우연이었을까. 아니다. 그것은 결코 우연이 아니었다.

독일의 통일이 있기까지는 그럴만한 분명한 이유가 있었다. 빙판 밑을 흐르는 물이 보이지는 않지만 쉬지 않고 흐르는 것처럼 통일을 위해 끊임없이 노력해 온 사람들의 외로운 헌신이 있었기에 가능한 일이었다. 동방정책을 설계하고 오랜 세월 통일을 준비해 온 '빌리브란트' 같은 선구자가 있었고 냉소적 비판을 감수하며 정파를 초월해 천금의 기회를 놓치지 않고 통일로 이끈 '헬 무트 콜' 수상 같은 정치 지도자가 있었다. 철옹성 같은 주변 강대국들을 설득하는 끈질긴 외교관들의 노력이 크게 작용했음은 말할 것도 없다. 이 모든 응축된 힘이 합해져 독일 통일을 이룬 것이다.

독일 통일 20주년을 지켜보면서 우리 한반도를 돌아보지 않을 수 없다. 그것은 우리도 과거 독일과 같은 분단국으로 통일을 이루지 못한 채 올해로 65년째를 맞고 있기 때문이다. 그러나 실망할 필요는 없다. 우리 민족도 통일을 이룰 수 있는 위대한 힘을 가진 민족이다. 통일된 독일에게 박수를 보내고 그들의 노고에 찬사를 보내면서 우리의 통일 의지를 다지는 계기로 삼아야 한다.

우리도 해낼 수 있다. '인류역사의 불가사의는 코리아' 라는 영국의 역사학자 '토인비' 의 말처럼 우리 민족의 저력은 통일을 이루기에 부족함이 없다. 역사적으로 주변 강대국들로부터 900여 회의 위협과 침략을 받아 오면서도 단일민족으로서의 정체성을 유지해 왔고 단일 언어와 문자를 지켜왔다. 지금의 시련을 극복하고 통일을 이룰 수 있는 지혜와 힘을 우리는 얼마든지 가지고 있다. 문제는 단결하여 실천에 옮기는 일이다.

통일을 위해 우리가 해야 할 일은 많지만 다음 몇 가지를 명심하고 반드시 실천해야 한다.

첫째, 지도자의 통찰력과 헌신적 리더십이다.

한반도 통일에 대한 확고한 신념을 가진 지도자가 필요하다. 주변 강대국들의 견제를 무력화 시키고 협력의 동반자로 이끌어내는 경륜을 가진 지도자, 국민들의 힘을 결집시켜 통일에 대한 자신감을 가질 수 있도록 하고 통일에 대한 실현 가능한 청사진을 제시하는 지도자가 있어야 한다.

둘째, 남남갈등을 해소하는 일이 시급하다.

국민 스스로가 과거 역사적 경험을 되새기고 분열이 가져다주는 치욕을 잊지 말아야 한다. 갈등을 조장하는 그 어떤 세력도 경계하고 설득해 국력 소모를 막는 일이 중요하다. 정파에 휩쓸려 국론분열이 계속되면 국가의 통일도, 민족의 번영도 결코 담보할 수 없음을 명심해야 한다.

셋째, 통일을 대비한 철저한 준비가 있어야 한다.

독일처럼 우리에게도 언제 어떻게 상황변화의 파고가 밀어닥칠지 모르기 때문에 통일 전후를 대비한 각 분야별 세심한 준비가 되어 있어야 한다. 또한 빈틈없는 안보로 어떠한 비상상황에서도 위기를 돌파할 수 있는 비장의 전략과 전술을 마련해 두어야 한다.

세계 유일의 분단국인 한반도에 살고 있는 우리는 독일통일 20년을 부러워하기 전에 그들이 제시해 주는 시사점을 값진 교훈으로 받아들여야 한다. 독일 통일과정에서 있었던 장단점을 철저히 분석하고 반면교사로 삼아 우리도 하루빨리 축복받는 조국통일이 이루어지기를 기대한다.

# 60주년 6.25에 돌아보는 한반도

(2010. 06. 25.)

고요히 잠든 일요일 새벽에 동족의 목숨을 노린 기습이었다. 참으로 부끄럽고 참담하며 어처구니없는 반인륜적 도발이었다. 그 골육상쟁의 피비린내 나는 전쟁이 있은 지 예순 돌이 되었다. 총과 대포소리 요란한 피난길에서 포연으로 뒤덮인 전란의 와중에서 출생한 사변동이들이 올해로 환갑을 맞는다.

이름 모를 골짜기에서 붉은 피를 흘리고 산화한 순국 용사들도, 자식을 전쟁터에 보내고 장독대에 정화수 올리며 무사귀환을 빌었던 어머니들도, 꽃다운 나이에 남편을 나라에 바치고 청상이 된 미망인들도, 졸지에 부모형제를 잃고 고아가 되어버린 어린이들도 한결같이 60년의 각고의 세월을 함께 견디며 살아왔다.

모진 목숨을 부지하기 위해 피눈물을 흘리며 고난의 고개를 힘겹게 넘었다. 그리고 마침내 이 땅에 산업화와 민주화를 이루어낸 주역이 되었다.

세계 전쟁사에 기록될 만큼 수백 만의 인명살상과 막대한 재산피해를 낸 내전이자 국제전이었던 6.25 한국전쟁, 결코 잊을 수 없는 만 3년 1개월의 처절했던 수많은 전투들, 이제 희미한 기억 속에 흔적조차 찾을 수 없을 만큼 모든 것이 변했다.

전쟁을 일으킨 사람도 허락한 사람도 동조한 사람도 모두 사라졌고, 그들로 인해 피해를 입은 수많은 사람들이 가슴 속 한을 풀지 못하고 하나둘 세상을 떠났다.

그렇다면 전쟁은 끝난 것인가. 아니다. 전쟁은 아직도 끝나지 않았다. 우리는 끝나지 않은 전쟁을 끝난 것처럼 착각하고 60년을 보냈다. 그리고 2010년이 되었다.

북은 아직도 60년 전 저질렀던 6.25의 악업과 그동안 수없이 저지른 테러에 대한 반성은 물론 사과 한 마디 없었다.

인민을 배고픔과 질병의 고통 속에 몰아넣고 주체사상과 선군정치라는 미명 아래 미사일 발사와 핵실험으로 끊임없이 긴장과 분란을 조성해 왔다.

결국 천안함 침몰이라는 만행으로 한반도를 또 다시 혼란에 빠뜨렸다. 화합이 아닌 대립이었고 종전이 아니라 휴전이었음을 확인시켜 주었다.

그리고 그 사실을 망각했던 우리는 46명의 소중한 아들들을 끝내 지키지 못한 무능한 국민이 되었다. 얼음처럼 차가운 수십 미터 바다 속에서 천안함 병사들은 마지막 숨이 다하는 그 순간까지 구원의 희망을 버리지 않았을 것이다.

“나의 조국은 반드시 우리를 구해 줄 것이다. 나의 부모와 형제들은 무슨 수를 써서라도 이 어두운 바다에서 우리를 꺼내줄 것이다”라는 굳은 믿음으로 버티면서 외롭지 않았을 것이다. 그러나 우리는 그렇게 하지 못했다.

그들을 끝내 구하지 못했다. 우리 국민 모두는 그들에게 큰 빚을 지고 말았다. 이 모든 것이 우리가 무사안일에 빠진 결과요 남북 분단이 빚은 비극임을 알아야 한다.

이제 우리는 천안함 용사와 수없이 사라져간 순국선열들 앞에서 다짐해야 한다. 더 이상 분열과 갈등의 추태를 보이지 말고 화합과 단결의 모습으로 강력한 통일한국을 건설해야 한다. 그것이 호국영령들에게 보답하는 유일한 길이다. 그들의 숭고한 죽음을 헛되이 하지 않는 길이다.

이 땅에 어김없이 신록이 우거진 6월이 왔다. 하늘에서 내려다본 한반도는 남북을 구분하기가 어렵지 않다. 낮이나 밤이나 확연히 구분된다. 남쪽의 우거진 수풀과 휘황찬란한 불빛, 북쪽의 피폐해진 메마른 들판과 칠흑 같은 어둠, 경제적 풍요와 빈곤, 체제의 우열을 말해 주고 있다.

이것이 60년이 지난 남한과 북한의 현주소다. 허기를 면하기 위해 알토란같은 경제권을 중국에 내어주는 북한을 바라보는 우리의 마음은 착잡하고 괴롭다.

그러나 지금도 늦지 않았다. 남한과 북한은 하루빨리 진솔한 반성과 용서를 바탕으로 대결보다 대화를, 군비경쟁보다 상생의 경제발전을, 그리고 무엇보다 국력신장이 우선임을 명심해야 한다.

눈앞에 보이는 권력보다 준엄한 역사의 심판을 두려워해야 한다. 한반도에 재앙이 될 핵을 포함한 모든 전쟁의 불씨를 당장 거두어야 한다. 그리고 이제 60년간 지속된 전쟁을 완전히 종식시키고 통일을 앞당겨야 한다.

6.25 한국전쟁이 우리에게 주는 소중한 교훈이다.

# 역사 바로 알아야 통일지혜 얻는다

(2011. 10. 25.)

그동안 홀대받던 역사교육에 대한 관심과 논의가 뜨겁다. 교육과학기술부는 역사교육 강화 방안으로 올해 중학교 3학년 학생들이 고등학교에 입학하는 2012년부터 한국사가 필수과목이 된다고 발표했다. 또 임용고사를 치르는 교원에게는 한국사능력검정시험 자격증을 의무화하고 공무원 채용시험에 필수 지정을 검토하는 등 후속 조치가 활발하게 추진되고 있다.

고사 위기에 처했던 역사교육이 제자리를 잡게 된 것은 다행스러운 일이다. 중국, 일본, 미국을 비롯한 세계 각국은 오래 전부터 학생들에게 국사를 필수로 가르치고 있고 더욱 강화하는 추세다. 중국의 동북공정이나 일본의 독도문제에서 보여준 그들의 집요하고 치밀함과 비교할 때 그동안 우리의 어리석음을 가슴 깊이 반성할 일이다.

나라의 주역이 될 청소년들에게 우리 역사에 대한 확고한 정체성을 심어주고 우리 문화에 대한 자부심과 긍지를 갖도록 하는 일이야말로 그 어떤 교육보다 우선해야 할 중요한 일이었기 때문이다. 단재 신채호 선생은 "자신의 나라를 사랑하려면 역사를 읽을 것이며, 다른 사람에게 나라를 사랑하게 하려면 역사를 읽게 하라"고 했다. 국민에게 애국심을 구하려면 제대로 된 역사부터 가르쳐야 함은 자명한 이치다.

무엇보다 중요한 것은 교과 내용이다. 역사교육의 강화는 가르칠 내용의 방향을 바르게 하는 데서부터 출발해야 한다. 시간이 걸리더라도 내용에 대한 검토를 철저히 해서 올바른 역사를 가르쳐야 한다. 왜곡된 역사나 편향된 역사, 허구의 역사를 가르쳐서는 안 된다. 영광의 역사도 치욕의 역사도 사실 그대로 기록되고 가르칠 때 비로소 역사로서의 생명과 가치가 있기 때문이다.

또 교육 방법과 제도의 획기적 개선도 요구된다. 우리의 소중한 5000년 역사가 학생도 어른도 외면하는 천덕꾸러기가 되어 있다. 이유는 간단하다. 공부하기가 불편하고 입시와 생활에 별 도움이 되지 않는다는 것이다. 역사 공부를 암기 위주에서 탈피해 좀 더 재미있고 시대감각에 맞는 다양한 교육방법의 개발은 물론 진학과 취업에까지 연결될 수 있는 제도적 방안도 반드시 함께 마련되어야 할 것이다.

통일교육 역시 역사교육으로부터 시작되어야 한다. 조상들이 피땀으로 지켜온 나라를 이어받아 후대를 사는 우리에게 부여된 오늘의 시대적 사명은 조국의 평화적 통일이다. 그러나 이 민족적 과제를 앞에 놓고 반세기가 넘도록 남북분열과 남남갈등으로 불필요한 국력 낭비를 초래해 민족의 번영과 발전을 저해하고 있다.

또한 분단의 장기화는 남북간 이질화를 심화시켜 통일 의지나 열망보다 무관심과 부정적인 시각으로 비쳐지고 있다. 국민들에게 바른 통일교육이 필요한 이유가 여기에 있다.

학생들이 통일문제에 관심을 보이지 않는 것은 다른 요인도 있겠지만 역사교육을 외면한 데 기인함이 크다. 근현대사 100년을 알아야 통일의 당위성을 설명할 수 있고 우리 민족이 통일로 나아갈 방향 또한 근현대사를 들여다보면 그 속에 해답이 있다. 왜 분단이 됐으며 분단과정은 어떠했고 남북은 어떤 변화를 가져왔는지, 왜 통일을 해야 하고 바른 통일은 어떤 통일이며 우리는 지금 통일을 위해 무엇을 해야 하는지를 뚜렷하게 증언하고 있기 때문이다.

국민 모두가 지난 역사를 거울삼아 같은 잘못을 반복하지 않도록 하고 미래를 설계하는 데 교훈으로 삼아야 한다. 이것이 어려운 한반도 문제를 해결하고 바른 통일을 이루는 현명한 지혜이며, 세계화 시대 글로벌 경쟁력을 강화해 나가는 든든한 밑거름이 될 것이다.

# 통일대박론의 전략적 실천과제

(2014. 07. 14.)

시진핑 중국 국가주석의 방한과 맞물려 북 · 일의 신 밀월관계가 형성되면서 한반도가 주목받고 있다. 그러나 이 같은 현상은 한반도에 또 다른 갈등요인을 유발함으로써 남북관계의 정상화와 우리의 통일로 가는 여정에 새로운 돌파구를 마련해야 하는 부담으로 작용하고 있는 것도 사실이다.

우리나라가 한 단계 더 도약하기 위해서는 반드시 통일시대를 열어가야 한다고 역설한 박근혜 대통령의 통일대박론은 분명 남북문제와 통일정책에 한 획을 긋는 쾌거였다. 그동안 꾸준히 제기되어 왔지만 국민들의 긍정적인 호응을 얻지 못했던 통일의 당위성과 통일편익에 대한 인식을 한순간에 바꾸어 놓은 그야말로 통일논의의 대박이었다.

그러나 세월호 참사와 지방선거, 월드컵 등 국내외 문제의 소용돌이 속에서 통일대박담론은 수면 아래로 가라앉았고 국민들과의 공감대

형성에서도 멀어지고 있다. 애당초 통일대박론은 방법론 없는 무정책이었다는 비난이 쏟아지는 이유다. 다시 초심으로 돌아가 남북관계를 개선하고 통일대박론에 대한 논의를 되살려 통일의 불씨를 살리고 국민적 공감대를 확산시키기 위한 다각적인 정책전환이 필요한 시점이다. 이를 위해 다음 몇 가지의 사항을 전략적인 차원에서 검토해 볼 필요가 있다.

첫째, 남북정상회담의 추진이다.

대통령께서도 한반도 평화와 통일시대를 준비하기 위해서 필요하다면 남북정상회담에도 응하겠다고 한 바 있다. 지금이 바로 남북정상이 만나야 하는 가장 적절한 시기라고 생각한다. 중국의 급격한 부상에 따라 미국은 아시아 태평양지역 재균형전략으로 중국을 압박하고 있고, 여기에 대응해 새로운 질서를 요구하며 역포위 전략으로 맞서는 중국, 미국을 등에 업고 집단적 자위권을 관철해 군국주의적 군사대국으로 회귀하려는 일본, 고립의 돌파구를 찾기 위해 명분축적에 골몰하는 북한 등 한반도를 둘러싼 안보환경은 가파르게 요동치고 있다. 이처럼 엄중한 시기에 70년 분단을 극복하고 한반도의 위기를 기회로 만들기 위한 남북정상의 만남은 지극히 당연한 일이며 통일대박으로 가는 견인차 역할을 하게 될 것이다.

둘째, 대북 인도적 지원 확대와 5.24조치의 부분적 완화 및 해제다.

인도적 지원은 시기가 중요하며 조건 없는 지원이 되어야 한다. 드레스덴 구상에서 제기한 대북 인도적 지원과 민생지원 및 남북교류협력 활성화는 앞날을 내다보는 필요조건이다. 당국간에 첨예하게 대립하고 있는 정치 군사적인 문제로 시간을 끌기보다는 우리도 부담이 적고 북한에서도 거절할 명분이 없는 민간교류의 활성화로 경직된 남북관계의 물꼬를 트고 관계개선을 촉진할 수 있도록 5.24조치의 부분적 완화 및 해제를 고려할 때가 되었다고 본다. 한 · 중 두 정상도 북한 및 통일문제에 대해 우선적으로 비정치 분야에서 변화촉진을 도모하는 게 좋으며 북한이 국제사회에 나오도록 유도하는 게 필요하다는 점에 공감한 바 있다.

셋째, 대통령 직속 통일준비위원회의 조속한 출범이다.

통일대박은 성공적 통일을 전제로 한다. 성공적 통일을 준비하기 위해 취임 1주년을 맞아 제기한 통일준비위원회 발족을 조속히 서둘러 출범시켜야 한다. 통일대박론의 실천을 구체화하고 전 국민적 공감대를 확산시키며 흩어진 통일논의를 체계화하고 건설적인 통일방향을 모색하기 위한 대통령직속 통일준비위원회는 빠를수록 좋다. 각 분야의 전문가와 시민단체, 각계각층의 국민들이 포함된 불편부당한 거국적 통일준비위원회로 만들어 한반도의 미래와 통일을 위한 다양한 로드맵을 국민들에게 제시하고 적극적이고 전향적으로 실행해 나감으로써 한반도의 평화통일을 이루는 동력으로 만들어야 할 것이다.

# DMZ 세계평화공원은 꿈이 아니다

(2015. 06. 01.)

한반도의 비무장지대(DMZ)가 세계의 주목을 받고 있다. '평화와 여성'의 이름으로 휴전선을 넘은 15개 나라 여성평화운동가 30여 명이 참가한 '위민 크로스 디엠제트'(Women Cross DMZ) 때문이다.

"우리의 한 걸음이 그동안 분단으로 고통받아온 한반도의 사람들에게 위로가 되고 통일로 가는 밝은 미래의 가능성을 열기 바란다." '평화와 군축을 위한 세계 여성의 날'이자 천안함 사건으로 촉발된 5.24조치 5주년인 지난 24일 북한에서 경의선 육로를 따라 버스로 군사분계선을 넘어온 세계여성평화운동가 대표가 한 말이다.

이들은 한반도 평화와 이산가족의 아픔을 위로하면서 "평화는 모든 사람을 행복하게 만들 수 있는 강력한 폭탄이다", "여성들이 풀지 못할 갈등과 반목은 없다"며 남북 정치인들의 분발을 촉구하고 이번 세대에 전쟁과 분단을 끝내길 소망한다고 했다. 한반도의 주인인 우리가 해야 할 일을 외국인들이 촉구한 것은 참으로 민망한 일이지만 그동안 비무장지대에 대한 우리의 노력이 없었던 것은 아니다.

박근혜 대통령은 취임 초 미국 상하 양원 합동연설에서 신뢰와 평화가 자라나는 계기가 되도록 DMZ 내에 세계평화공원을 조성하겠다고 피력한 바 있다. 이 계획은 반드시 실현되어야 한다. DMZ를 한반도 분단의 비극을 상징하는 땅에서 세계평화를 상징하는 성지로 만드는 작업은 결코 꿈이 아니라 현실로 나타나게 해야 하기 때문이다.

저자는 얼마 전 도라산 전망대에서 비무장지대를 바라보며 우리의 영토가 그리 넓지 않은데 저 많은 땅을 70년씩이나 버려두고 있다는 것이 너무 안타깝다는 생각을 한 바 있다. 우리나라의 비무장지대는 서쪽으로 예성강과 한강 어귀의 교동도에서 개성 남방의 판문점을 지나 중부의 철원, 금와를 거쳐 고성의 명호리까지 155마일에 이른다. 그 면적은 군사분계선 남북 4km, 동서 248km, 총면적 992㎢(약2억7천만 평) 남북의 민통선까지 합하면 그 몇 배에 달하는 광활한 땅이 잠자고 있다.

정치 군사적인 복잡하고 어려운 통일문제에 앞서 DMZ 세계평화공원 만들기에 남북이 마주 앉아 지혜를 모으는 것이 통일로 다가가는 더 현실적인 방법이라고 생각한다. 개성공단과 함께 또 하나의 한반도의 평화체제를 구축해 나가는 희망의 교량이 될 것이다. 우선 철원 · 고성 · 파주 등 국가가 정책적으로 평화특별구역을 조성하고 개발해 남북한간의 경제협력과 교류를 촉진하고 경제적 상호보완성을 높인다면 북한도 진정성을 이해하고 호응할 수 있는 첫걸음이 될 수 있을 것이다.

국내외의 많은 전문가들이 이미 DMZ 세계평화공원에 대한 미래지향적 가치에 대한 견해를 밝히고 있다. 우리 역사의 보고로서의 문화적 가치, 청정지역으로 남아 있는 생태적 가치, 유일한 냉전지역에서 평화공존지역으로 탈바꿈한 세계평화의 상징적인 메카로서의 가치 등이다. 여기에 남북 국토의 중심에 자리해 있으면서도 발전하지 못했던 지역으로서 국토균형발전, 지역경제 발전이라는 경제적 가치까지 더해진다면 비무장지대야말로 우리 한반도를 살리는 견인차가 될 것이다.

실제로 이와 같은 일들을 한발 앞서 묵묵히 실천해 나가는 사람들이 있다. 아직도 6.25의 상처가 아물지 않은 강원도 양구군 해안면 현리(일명, 펀치볼) DMZ 접경지 해발 1100미터에서 사과농장을 하고 있는 이근우 대표는 지난해 맛좋은 양질의 사과 2,437톤을 생산해 117억 원의 소득을 올리고 있다. 또 강원도 철원에서도 629톤을 생산해 18억 8700만원의 소득을 올렸다. 급격한 기후 변화인 온난화의 영향으로 비무장지대 인근 농가들이 사과재배의 최적지로 떠오른 결과다.

이밖에도 경기 포천군과 연천군도 한탄강 DMZ 청정지역의 농산물을 개발해 밝은 전망을 보이고 있다. 기상청에 따르면 지난 100년 동안 세계 평균기온은 0.7도 오른 데 비해 우리나라는 2배인 1.5도나 치솟았다. 육상으로 상륙한 지 한참 된 감귤도 2060년대엔 강원도가 재배의 적지로 각광받을 것으로 예상하고 있다. 또 이곳들은 수도권과 반나절 생활권이라 물류 · 유통에서도 좋은 조건을 갖추고 있다.

이제 우리 모두가 지혜를 모아 DMZ에 주목해야 한다. 분단의 상징이 아닌 상생의 대명사로 만들기 위해 살벌한 무기의 전시장이 아닌 평화의 대명사가 되도록 해야 한다. 소풍 나온 가족들이 유모차를 끌고

노니는 장소, 연인들이 손잡고 걸으며 미래를 설계하고 세계인들이 모여 평화를 논하는 국제회의가 DMZ 평화공원에서 열릴 수 있도록 지금 우리가 시작해야 한다.

그 짧은 시기에 산업화와 민주화를 이룬 저력을 되살려 한강의 기적에 이은 DMZ 세계평화공원의 기적도 반드시 이루어내야 한다. 이 일을 대신해 줄 나라는 없다. 우리 스스로가 해내야 한다. 남북이 손잡고 우리 후손들의 미래를 위해, 한반도의 번영을 위해 지금 시작해야 한다. 어떠한 어려움이 있더라도 극복하고 실현해야 한다. 그것이 이 시대를 사는 우리에게 주어진 피할 수 없는 책무다.

DMZ 세계평화공원은 결코 꿈이 아니다. 우리 앞에 펼쳐질 현실이다.

# 바른 통일이어야 한다

(2015. 08. 15.)

우리 한반도는 외세에 의해 분단된 지 반세기를 넘어 70년이 지났다. 세계는 지구촌 유일한 분단지역으로 또 북핵으로 인한 전쟁 위험지역으로 한반도를 주목하고 있다. 남한과 북한은 오랜 세월 동안 서로 이념을 달리해 체제를 경쟁하고 반목하며 살아왔다. 그 사이에 많은 것들이 이질화 되었고 오랜 피로감 때문에 통일에 대해서 회의를 느끼는 사람도 있는 것이 사실이다.

한동안 화해의 노력으로 금강산관광사업, 개성공단과 같은 공동체 경험을 축적하였으나 지금은 또다시 서로 등을 돌리고 파국적 군비경쟁에 국력을 낭비하고 있다. 지구촌은 국가와 민족의 장벽도 허물어진 지 오래인데 참으로 부끄러운 일이다.

이젠 우리도 통일을 이루어야 한다. 분단의 고통을 해소하고 하루빨리 민족의 정체성을 회복해야 한다. 반듯하고 자랑스러운 통일조국을 만들어 후손에 물려주어야 한다. 건국이념인 홍익인간 정신의 구현을 통해 세계평화에도 기여해야 한다. 그리고 무엇보다 인권을 억압당하고 기아에 허덕이는 북한 동포와 혈육의 생사조차 알지 못하고 지내는 이산가족의 아픔도 구원해야 한다.

그러자면 우선 국민들의 단결된 힘이 필요하다. 그 힘을 바탕으로 통일에 대한 강한 의지와 미래를 향한 합리적 사고, 남과 북의 적대감 해소와 다방면의 생산적 교류, 국제적 지지와 협력까지 이끌어내야 한다. 이것은 21세기를 사는 우리에게 부과된 피할 수 없는 책무요 운명이다. 여기에 이의를 제기할 사람은 아무도 없다.

그러나 이러한 통일의 당위성과 함께 한 가지 간과해서는 안 되는 것이 있다. 우리가 원하는 통일은 반드시 바른 통일이어야 한다는 사실이다. 통일 지상주의에 들뜬 나머지 아무 준비도 없이 감성적인 통일만 외치다가 더 큰 화를 부르는 우를 범해서는 안 된다.

첫째, 반드시 평화통일이어야 한다.

통일이 급하다고 인명을 살상하고 평화를 파괴하면서 얻는 통일은 우리가 원하는 바가 아니다. 시궁창에서 뒹굴지라도 전쟁보다는 평화가 낫다는 말처럼 시간이 걸리더라도 평화통일을 위한 인내와 끈기가 필요하다.

둘째, 자주적 통일이어야 한다.

외세를 의지해 얻는 통일은 안 된다. 우리는 이미 그 폐해를 뼈저리게 체험했다. 주변국들의 협조를 구할 수는 있지만 통일의 주체는 반드시 우리 민족이 되어야 한다.

셋째, 자유와 민주가 보장된 통일이어야 한다.

이미 폐기처분된 공산주의식 통일도, 그렇다고 독재세습이 용인되는 통일도 아니다. 그것들은 이미 인류의 보편적 가치를 지킬 수 없음이 판명된 지 오래다.

우리가 원하는 통일은 이 같은 독소를 뺀 바른 통일이어야 한다. 자유와 민주 그리고 개개인의 인권이 제한받지 않고 평등과 행복이 보장되는 사회, 그리고 삼권분립과 시장경제체제가 확립된 바른 통일을 이루어야 한다.

이를 위해서는 우리보다 먼저 통일을 이루어낸 나라들의 통일과정을 면밀히 살펴 볼 필요가 있다. 그들의 시행착오를 타산지석으로 삼아야 한다.

극심한 갈등과 분쟁을 이겨내고 통일을 이룬 국가로 독일과 베트남, 예멘이 있다. 이들 세 나라는 모두 다른 방식으로 통일이 되었다. 독일 통일은 붕괴된 동독을 서독이 흡수 통일하였다. 그러나 서독은 통일 전후를 통해 막대한 경제적 사회적 비용을 지불하였다.

통일 후에도 가치관의 차이, 복지문제 등을 극복하는 데 많은 시간이 걸렸다. 서독의 경제력이 뒷받침되지 않았다면 독일통일은 성공하기 어려웠을 것이다.

예멘은 합의방식을 통한 통일이었다. 그러나 준비기간의 미흡과 단기간에 서둘러 통일함으로써 얼마 되지 않아 재분단과 오랜 내전을 통해 결국 북예멘이 무력으로 재통일하는 진통을 겪었다. 준비되지 않은 통일이 얼마나 위험하고 허망한 것인지를 여실히 보여준 사례다.

베트남은 급진적 무력투쟁을 통하여 통일하였다. 북베트남이 미국을 상대로 한 전쟁에서 승리해 통일은 이루었으나 인적 물적 피해는 물론이고 무리한 사상교육과 급진적 사회체제 개편으로 인해 100만 명에 달하는 난민(보트피플)이 조국을 버리고 자유를 찾아 떠나는 등 오랜 시간 극심한 혼란을 겪었다.

우리는 여기에서 바른 통일은 구호나 의지만으로 되는 것이 아니라는 사실을 확인할 수 있다. 튼튼한 안보와 흔들리지 않는 경제적 기반, 철저하고 치밀한 준비, 그리고 이질화된 국민을 하나로 통합시킬 수 있는 역량이 수반될 때 비로소 바른 통일을 이룰 수 있다는 것을 잊어서는 안 된다.

# 한반도 평화통일, 북한의 신뢰에 달렸다

(2015. 10. 12.)

한반도가 또다시 요동치고 있다. 북한이 장거리미사일 발사를 예고한 데 이어 핵실험카드까지 한꺼번에 꺼내들었기 때문이다. 북한은 4차 핵실험과 장거리미사일 발사를 통해 핵경제 병진노선을 고수하겠다는 뜻으로 보인다. 이는 모처럼 조성된 남북대화를 신뢰 구축보다는 전리품을 챙기기 위한 전략으로 접근하고 있다는 방증이다. 당연히 북한에 대한 미국과 중 · 러를 포함한 국제사회의 시선은 곱지 않다.

남한과 북한은 살얼음판을 걷고 있던 경색의 터널을 겨우 빠져 나왔다. 최근에는 이른바 지뢰 도발에 따른 일촉즉발의 위기를 극복하고 어렵게 8.25 합의를 이끌어냈다. 특히 이산가족 상봉행사를 10월 20일부터 26일까지 금강산 면회소에서 갖기로 했다. 상봉행사를 앞두고 치열한 경쟁을 통과한 이산가족들은 피붙이를 만날 생각에 잠 못 이루는 밤을 보내고 있다. 국제사회도 이를 주목하고 있는 시점에 북은 또 다시 한반도의 평화를 저해하는 행태를 보이고 있다.

얼마 전 박근혜 대통령은 "한반도에 평화를 정착시키는 일이 동북아와 유라시아를 넘어 인류공영의 미래를 완성하는 마지막 퍼즐이 될 수 있다"고 말했다. 그렇다. 한반도의 통일과 평화정착이야말로 해양세력과 대륙세력의 오랜 힘겨루기가 끝나고 새로운 시대를 여는 역사의 전환점이 될 수 있다.

그러나 한반도의 평화를 정착시키기 위해서는 우리가 넘어야 할 산이 너무 많다. 우선 북한의 비핵화가 전제되어야 한다. 이는 우리가 다 아는 상식이다. 핵 있는 북한을 그대로 방치하면서 한반도의 평화를 논할 수는 없기 때문이다. 따라서 북한의 비핵화를 위한 노력이 그 무엇보다 우선되어야 한다.

한반도의 비핵화와 평화통일의 조건을 구축해 나가기 위해서는 다음 두 가지 요건이 필요하다.

하나는 북한이 핵을 포기하고 스스로 변화를 택하는 것이다. 북한의 수뇌부가 체제붕괴의 두려움을 떨쳐내고 외부세계와의 관계개선을 통해 핵문제를 처리하는 것이다. 가장 바람직하고 쉬운 방법이지만 현재로서는 북한이 스스로 핵을 포기하고 개혁개방을 선택하는 것을 기대하기는 어렵다.

그렇다면 제재나 협상을 통한 해결책인데 이 방법도 이미 시도한 바가 있다. 대북제재를 통한 경제적 압박을 가해 보기도 했고 소위 북핵 6자회담을 통한 주고받기식 해법을 선보이기도 했다. 북한의 핵 포기와 미국의 대북불가침. 대북 에너지 지원 등을 골자로 하는 9.19 공동성명이 그것이다.

채찍과 당근을 통한 방법을 다 동원했지만 북한의 핵개발을 막지는 못했다. 3차례의 핵실험을 통한 핵탄두의 소형화와 탑재능력만 제고되어 왔다. 만일 9.19 공동성명이 그대로 지켜졌다면 북핵문제의 해결과 함께 한반도는 물론 동북아와 세계평화를 향한 마지막 퍼즐은 이미 완성되었을 것이다.

그러나 오랜 진통 끝에 마련된 이처럼 훌륭한 결과물도 북한의 일방적인 약속파기로 사문화 되고 말았다. 이번에도 북한은 남북합의의 서명 잉크도 마르기 전에 벌써 찬물을 끼얹고 있다. 민간교류 활성화로 합의했던 개천절 공동행사를 비롯한 남북이 합의한 행사를 무산시키고 남북이산가족의 한을 풀어주는 상봉마저 정략적 카드로 위협하고 있다. 북한의 이 같은 행태 때문에 국제사회가 북한을 신뢰할 수 없는 집단으로 간주하는 것이다.

결국 한반도의 비핵화와 평화통일의 핵심은 북한의 신뢰문제인 것이다. 아무리 훌륭한 방안도 신뢰가 없이는 물거품에 불과하다. 그러기에 북핵문제의 핵심은 북한이 남한과 국제사회와의 신뢰구축에 진정성을 보여야만 해결할 수 있다. 그렇지 않으면 제재, 경색, 대화의 악순환만 계속될 뿐이다.

북한이 스스로 나서지 않는다면 북한이 변화를 택할 수밖에 없도록 만들어야 한다. 물론 쉬운 문제는 아니지만 그렇다고 한반도의 평화정착에 대한 노력을 포기할 수는 없다. 강력한 국제공조로 외부여건을 조성해 북한을 설득해야 한다. 그리고 우리 정부나 국제사회는 북한이 왜 그렇게 핵개발에 집착하는지에 대한 심도 있는 연구가 필요하다.

또한 대북 적대시 정책이라고 반발하는 부분에 대한 고민도 해 보아야 한다. 과거보다 훨씬 강도 높은 제재방법을 포함한 새로운 패턴의 접근방식이 필요하다. 북한이 첨예한 대결국면에서도 개성공단만은 흔들림 없이 가동시키고 있는 데서 해법을 찾을 수도 있다.

북한은 이제 더 이상 선택의 여지가 없다. 미사일 발사나 핵실험과 같은 자극적 행위를 중단해야 한다. 핵이 체제를 지켜준다는 환상도 버려야 한다. 이제 수명이 다한 벼랑끝 전술을 버리고 대화를 통한 신뢰구축에 나서야 한다. 로켓발사와 핵실험은 명백한 안보리 결의 위반이고 국제사회와 남북화해의 신뢰를 저버리는 행위다.

또한 점차 고립되어 가는 북한의 생존을 위협하는 길이고 한반도의 평화를 파괴하는 행위다. 북한은 급변하는 국제사회의 흐름에 동참해야 한다. 미국과 쿠바의 관계가 회복되고 교황과 카스트로가 만나고 중국과 러시아가 북핵 반대의 한 목소리를 내고 있다.

핵과 경제를 함께 취할 수는 없다. 핵을 버리고 작은 약속부터 실천해 나가야 한다. 그 축적된 신뢰를 바탕으로 국제사회를 향해 더 큰 협력사업을 키워나가야 한다. 북한의 신뢰, 그것이 한반도 평화통일의 길이다.

# 통일논의는 계속되어야 한다

(2016. 1. 16.)

북한의 연이은 핵 · 미사일 도발과 남한의 정국혼란으로 통일에 대한 논의가 사라졌다. 남북관계의 단절과 한반도 위기고조의 현실 앞에 통일에 대한 관심 또한 멀어져 동력을 잃고 말았다. 다시 통일에 대한 경각심을 일깨울 때다. 우리 한반도는 외세에 의해 분단된 지 70년이 지났다. 세계는 지구촌 유일한 분단지역으로 또 북핵으로 인한 전쟁위험지역으로 한반도를 주목하고 있다.

남한과 북한은 오랜 세월동안 서로 이념을 달리해 체제를 경쟁하고 반목하는 동안 많은 것들을 잃고 이질화 되었다. 오랜 피로감 때문에 통일에 대해서 회의를 느끼는 사람도 생겨나고 있다. 한동안 화해의 노력으로 금강산관광사업, 개성공단과 같은 공동체 경험을 축적하였으나 지금은 서로 등을 돌리고 파국적 군비경쟁에 국력을 낭비하고 있다. 참으로 안타깝고 부끄러운 일이다.

통일논의는 계속되어야 한다. 분단의 고통을 해소하고 하루빨리 반듯한 통일조국을 만들어 후손에 물려주어야 한다. 건국이념인 홍익인간 정신의 구현을 통해 세계평화에도 기여해야 한다. 그리고 무엇보다 인권을 억압당하고 기아에 허덕이는 북한 동포와 혈육의 생사조차 알지 못하는 이산가족의 아픔도 구원해야 한다.

그러자면 북핵을 비롯한 그 어떤 악조건 속에서도 통일 논의는 멈추어서는 안 된다. 더욱이 대선을 꿈꾸는 인사라면 통일에 대한 신념과 한반도의 미래를 향한 합리적 사고, 남한과 북한의 적대감 해소와 다방면의 생산적 교류, 국제적 지지와 협력까지 이끌어낼 준비가 되어 있어야 한다. 이것은 21세기를 사는 우리에게 부과된 피할 수 없는 책무요 숙명이다.

첫째, 평화통일이어야 한다.

통일이 급하다고 인명을 살상하고 평화를 파괴하면서 얻는 통일은 안 된다. 시궁창에서 뒹굴지라도 전쟁보다는 평화가 낫다는 말처럼 시간이 걸리더라도 평화통일을 위한 인내와 끈기가 필요하다.

둘째, 자유와 민주가 보장된 통일이어야 한다.

이미 폐기처분된 공산주의식 통일도, 독재나 세습이 용인되는 왕조통일도 아니다. 그것들은 이미 인류의 보편적 가치를 지킬 수 없음이 판명된 지 오래다.

셋째, 자주적 통일이어야 한다.

외세를 의지해 얻는 통일은 이미 그 후유증과 폐해를 뼈저리게 체험했다. 주변국들의 협조를 구할 수는 있지만 통일의 주체는 반드시 우리 민족이 되어야 한다.

한반도 통일은 이 같은 가치를 지닌 통일이어야 한다. 자유와 민주 인권이 제한받지 않는 사회, 삼권분립과 시장경제체제가 확립된 통일을 이루어야 한다. 이를 위해서는 우리보다 먼저 통일을 이루어낸 나라들의 통일과정을 면밀히 살펴 볼 필요가 있다. 그리고 그들의 시행착오를 타산지석으로 삼아야 한다. 극심한 갈등과 분쟁을 이겨내고 통일을 이룬 국가로 독일과 예멘, 베트남이 있다. 이들 세 나라는 모두 다른 방식으로 통일이 되었다.

독일통일은 붕괴된 동독을 서독이 흡수 통일하였다. 그러나 서독은 통일 전후를 통해 막대한 경제적 사회적 비용을 지불하였고 통일 후에도 가치관의 차이 복지문제 등을 극복하는 데 많은 시간이 걸렸다. 서독의 경제력이 뒷받침되지 않았다면 독일통일은 성공하기 어려웠을 것이다.

예멘은 합의방식을 통한 통일이었다. 그러나 준비기간의 미흡과 단기간에 서둘러 통일함으로써 곧바로 재분단과 오랜 내전을 통해 결국 북예멘이 무력으로 재통일하는 진통을 겪었다. 준비되지 않은 통일이 얼마나 위험하고 허망한 것인지를 여실히 보여준 사례다.

베트남은 무력투쟁을 통하여 통일하였다. 통일은 이루었으나 인적 물적 피해는 물론이고 급진적 사회체제 개편으로 인해 100만 명에 이르는 난민이 조국을 버리고 자유를 찾아 떠나는 등 오랜 시간 극심한 혼란을 겪었다. 이처럼 통일의 길은 멀고 험하다. 그럼에도 그들은 난관을 극복하고 통일을 이루었다.

세계는 지금 대변혁을 예고하고 있다. 국내외적으로 우리의 통일 환경이 매우 어렵게 전개되고 있는 것도 사실이다. 그렇다고 중단하거나 포기할 수는 없다. 통일논의는 결코 멈추어서는 안 된다. 우리는 무한한 저력이 있는 민족이다. 위기를 기회로 만드는 것이 지금 우리가 해야 할 일이다. 정치권은 물론 국민 모두가 자신감과 책임감을 가지고 어려움을 헤쳐 나가야 한다. 남북간에 교류의 접점을 찾고 공공외교능력을 강화시키고 이질화된 국민을 하나로 통합시킬 수 있는 역량을 키워 나가야 한다. 거기에 통일의 답이 있다.

# 광복 71주년, 조국의 미래를 생각한다

(2016. 8. 15.)

광복 71주년을 맞는다. 그러나 한반도의 상황은 만만치가 않다. 아니 더 솔직하게 말하면 한반도를 둘러싸고 있는 주변 환경은 매우 불안정하다. 남중국해 영유권문제와 한국의 사드배치를 둘러싼 미 · 일과 중 · 러를 양대 축으로 하는 패권다툼은 이미 시작되었고 그로 인한 신냉전 구도가 구체화 되는 양상이다.

일본의 아베정부는 그 틈새를 이용해 과거 잘못을 반성하기보다는 자국의 실리를 극대화 시키며 궁극적으로 평화헌법 9조를 개정해 군사대국주의로의 회귀를 노리고 있다. 또 7차 당대회 이후 날로 심화되어 가고 있는 북한의 핵과 미사일 위협, 그에 따른 한국의 사드배치 결정과 중 · 러의 강경한 반대 등 살벌한 동아시아 안보 소용돌이 속으로 한반도가 점점 빠져들고 있는 형국이다.

특히 초미의 관심사로 떠오른 한국의 사드배치로 인한 논쟁은 국내

뿐 아니라 미 · 중간 힘겨루기 양상으로까지 번지고 있다. 중국은 한국 내 사드배치를 미 · 중간 전략균형을 파괴하는 행동으로 판단하고 미국의 새로운 미사일방어(MD)체제 구축으로 의심하고 있다. 정부는 사드배치는 전적으로 북한 핵과 미사일 위협에 대한 방어조치이며 제3국을 겨냥한 것이 아니라는 점을 강조하고 있지만 믿지 않는다. 심지어 경제제재는 물론 군사적 타격 가능성까지 언급하고 있다.

사드배치 문제는 한 · 중 관계와 북 · 중 관계마저 완전히 바꿔놓았다. 라오스 비엔티안에서 열린 아세안 외교장관회의에서 그 실상을 여과 없이 보여주었다. 북한은 앞으로 사드배치를 빌미로 핵무장을 더욱 정당화할 태세고 추가 핵실험도 우려되고 있다. 남한 역시 한반도 전술핵 재배치와 핵무장론까지 거론되기에 이르렀다.

그러나 이는 남북간 군사대결을 심화시키고 북 · 미간 적대관계는 더 고착화될 전망이다. 북한의 핵과 미사일 위협에 대처하기 위한 사드배치가 오히려 한반도와 동북아 냉전질서를 부활시키고 대북제재를 흔들며 한반도 평화를 위협하는 상황으로 변질되고 있다.

이처럼 엄중한 상황임에도 정부가 사드배치를 일개 포병중대 배치정도로 단순하게 생각한다면 외교적으로나 정책적으로 너무 안일한 처사다. 초강대국 미국과 중국이 이미 패권다툼을 벌이는 매우 예민한 시점에 엄청난 외교적 파장을 몰고 올 중대한 사안을 주변국과 지역주민을 설득할 수 있는 사전 정지작업도 없이 서둘러 결정함으로써 외교적 파장과 국론분열을 자초한 결과가 되었기 때문이다.

그러나 아직 시간은 있다. 정부는 2017년 말까지 설치하기로 한 사드배치를 너무 성급하게 서두르지 말고 다시 한 번 사드배치에 따른 이해득실을 냉철하게 점검해 보아야 한다. 그리고 한국의 사드배치 문제에 대한 내외의 파장부터 서둘러 추슬러야 한다. 사드배치가 근원적으로 북한의 핵과 미사일위협에 대한 자위권 차원의 조치임을 설득하는 한편 북핵문제는 중국의 비협조적 책임이 크다는 것을 납득시키는 데 외교력을 집중해야 한다. 또 사드를 반대하는 국내정치권과 사드배치 장소로 선정된 지역주민들과 끊임없이 소통하여 정부가 신뢰를 얻을 때까지 대안 마련에 심혈을 기울여야 할 것이다.

광복 71주년, 우리는 무한경쟁의 시대에 살고 있다. 세계는 지금 복잡하고 다양하며 빠르게 변화하고 있다. 정부는 시대조류에 맞는 국가전략과 정책을 준비해야 한다. 그리고 더 정교해져야 한다. 각 부처는 자기 부처의 특성을 최대한 살려 눈앞에 놓여있는 난제들을 해결하기 위한 정밀한 실천목표를 세우고 그 목표를 달성하기 위해 공무원 개개인은 시계의 톱니바퀴처럼 움직여야 한다.

세계 도처에서 시시각각 일어나고 있는 대형테러나 자극적이고 거친 막말의 정치가 각광받는 현상을 분석하고 미국에서 트럼프를 앞세워 불고 있는 냉소적 신고립주의와 보호무역주의, 영국의 브렉시트가 남긴 과제, 중국의 남중국해 영유권 중재 패소 이후 나타난 극단적 민족주의 열풍 등, 정치 경제 사회의 전반에 걸쳐 확대되고 있는 미래 불확실성에 철저히 대비해야 한다.

또한 국민들과는 끊임없이 소통해야 한다. 우리의 적은 외세에만 있는 것이 아니고 내부의 분열에 있음을 자각하고 정책의 최우선 과제 역시 국익우선과 국민통합에 두어야 한다. 아무리 지정학적 한계가 있다고 하더라도 구한말과 일제강점기, 그리고 해방 이후 현재에 이르기까지 민감하고 중요한 현안들을 놓고 맞서 싸우다 나라까지 침탈당한 부끄러운 우리의 자화상을 돌아보아야 한다.

지금 이 시간에도 우리 주변에서 벌어지고 있는 논쟁과 국론분열을 보면서 광복 70년이 지나도록 왜 아직도 우리는 강대국들의 눈치를 살펴야 하며 우리의 의지대로 분단을 극복하고 통일을 이룩하지 못하고 있는지 깊이 생각해 볼 일이다.

조국이 없으면
나도 없다
준공기

# 4부

# 성찰이 필요한 역사의 교훈

# 중국 동북공정 맞서 북한도 공동대응 나서야

(2006. 09. 14.)

지금 온 나라가 들끓고 있다. 북한의 미사일 발사로 촉발된 동북아의 불협화음, 전시작전 통제권을 둘러싼 보수와 진보의 첨예한 대립, 거기에 얼핏 낭만적으로까지 보이는 '바다이야기' 가 우리를 혼란스럽게 하고 있는 가운데 중국의 한민족역사 침탈과 흔적 지우기가 도를 넘어 본격화되고 있다. 연이은 대형 이슈에 밀려 우리의 기억 속에서 사라졌던 중국의 동북공정이 마무리 단계에 접어들었다는 느낌을 지울 수가 없다.

그동안 고조선을 비롯한 고구려, 발해 역사를 자국의 역사로 편입시키기 위해 막대한 자금과 인력을 동원하여 찬란한 우리의 문화유산을 훼손하고 '일사양용론' 이라는 궤변으로 음흉한 야심을 내비친 바 있거니와 이제 그 완결편으로 장백산(백두산) 공정에 속도를 내고 있다.

한민족의 역사를 백두산을 제외하고 어떻게 설명할 수 있겠는가. 예로부터 우리 민족의 역사무대요, 성지로서 고조선, 부여, 고구려, 발해의 근거지였음이 역사유적과 문헌을 통해 속속 밝혀진 바 있다. 그럼에도 중국은 백두산이 만주족(여진족)의 발상지로 중국 동북지역의 다양한 소수민족이 활동한 무대라고 주장하며 심지어 한강이북은 자기의 역사라는 망발을 서슴지 않고 있다.

2008년에 'UN교육과학문화기구(유네스코)'의 세계자연유산으로 등록하겠다고 선언하고 동계 올림픽 유치계획까지 발표하는 등 백두산을 완전 소유하겠다는 야욕을 노골화하고 있는 것이다. 이에 비해 우리의 대응은 너무나 안일하고 답답하기만 하다. 지금 정부는 거대한 중국과 맞서 이길 수 없다는 패배주의에 사로잡혀 있지는 않은가.

역사는 반복되는 것이다. 중국이 긴 역사 속에서 천하를 통일한 적이 몇 번이나 있었는가. 거대한 중국도 56개 민족으로 구성되어 있는 다민족 국가일 뿐이고, 우리 후손 중에 광개토대왕 같은 인물이 나오지 말란 법이 있는가.

지금 이 시대를 사는 우리에게 피할 수 없는 과제가 눈앞에 놓여있다. 남녀노소, 여야, 진보와 보수, 남한과 북한은 물론이고 세계 각처에 흩어져 살고 있는 동포들까지 진정한 민족공조가 필요한 때다. 머뭇거리고 시간을 끌수록 우리에겐 불리하다. 수많은 문화유산들이 급속히 훼손되고 한민족의 숨결과 흔적이 사라져 갈 뿐이다. 단호한 대처와 철저한 학문적 근거를 바탕으로 이제 우리가 동북공정을 시작해야 한다.

댓돌 위의 신발이 가지런히 정돈된 집에는 도둑도 피해간다는 말이 있다. 온 국민의 합의를 도출해 지금 바로 실천에 옮겨야 한다. 학생들에게 역사 교육의 비중을 확대하고 국회에서는 이 문제를 정식의제로 본격 논의해야 하며, 남북의 학자들이 공동 연구를 통해 지혜를 모아야 한다. 가능하면 조선족(재중동포) 역사학자들 및 뜻있는 중국 역사학자들과의 학문적 교류도 활발하게 추진되어야 할 것이다.

막연히 간도가 우리 땅이라고 흥분만 할 것이 아니라 국제사회의 관심을 이끌어낼 지속적인 노력이 필요하다. 역사는 민족의 정체성을 기리는 혼이다. 그러기에 혼이 있는 민족이라면 역사의 왜곡은 반드시 막아야 한다. 이를 방치하는 것은 당대에는 물론 후대에도 혹독한 비판과 준엄한 심판을 받는다. 우리의 역사를 민족의 이름으로 당당히 지키고 정당성을 주장하는 데 조금도 주저함이 없어야 할 것이다.

# 숭례문 화재가 남긴 교훈

(2008. 03. 05.)

숭례문이 사라졌다. 분노하고 절망하며 애증과 원망을 남긴 채 우리 곁을 떠났다. 아무도 예상치 못했고 믿기지 않는 일이지만 지금 우리 앞에 숭례문의 당당한 모습은 보이지 않는다. 언제나 변함없이 그 자리에 그렇게 있어 우리와 함께할 줄 알았던 숭례문은 홀연히 자취를 감추고 말았다. 그리고 그 자리엔 검게 그을린 흔적과 망연자실한 표정으로 허탈감과 무력감에 빠진 국민들의 한탄과 후회만 남았다.

단기 4341년, 서기 2008년 1월 10일, 우리의 국보1호 남대문은 초저녁부터 이튿날 새벽까지 5시간 동안 처절한 몸부림으로 화마와 사투를 벌이고 있었다. 아니 구해달라고 붉은 피를 토해내며 절규하고 있었다. 그러나 끝내 구원을 받지 못했다. 모진 세월을 의연하게 지켜온 민족의 혼, 서울의 자존심은 맥을 놓고 무너지고 말았다.

이제 눈으로 보던 단아하고 멋스러운 남대문을 마음으로 보아야 한다. 우리는 그 기품 있는 모습을 한 번이라도 보았기에 마음으로나마 볼 수 있으나 후손들은 그 아름다운 자태를 영영 볼 수 없게 되었다. 아무리 철저한 고증을 거쳐 원형대로 다시 짓는다 해도 그것은 중건이고 개축이지 복원이 아니다. 600년 전 그 나무가 아니고 그 기와가 아니며 그 솜씨가 아니다. 임진왜란을 비롯한 수많은 전란을 묵묵히 견뎌낸 뚝심과 풍상의 흔적, 그 속에 감추어진 상처까지 복원할 수는 없다.

개화파, 수구파의 파당싸움, 일제 36년의 굴욕의 역사, 피로 얼룩진 동족상잔의 6.25 비극을 증언해 줄 그 숭례문이 될 수는 없다. 지금은 처참한 몰골과 참혹한 모습을 드러내어 우리에게 뼈저린 교훈과 무거운 과제를 던지고 있다.

그렇다. 우리 모두 무심하였다. 겉으로는 국보를 칭하면서도 마음으로는 외면하고 있었다. 찬란한 우리 문화의 정체성을 잃어버리고 다른 가치를 찾아 허둥대고 있었다. 이미 양양 낙산사가 경고하고 수원화성 서장대가 비상벨을 울렸으며, 방화범이 창경궁 문정전에서 예고편까지 보였음에도 우리의 문화재관리 시스템은 제대로 작동되지 않았다. 관리도 소홀했고 손발도 맞지 않았다.

기둥 하나 기왓장 한 개마다 조상의 숨결이 배어 있고 겨레의 얼이 스며 있는 문화유산의 소중함을 망각하고 있었다. 언필칭 국보1호인 숭례문의 방재 우선 순위는 48번째, 보험금은 9500만원이었다. 한심했다. 교만했다. 홀대했다. 마침내 철없는 만행을 허용하고 말았다.

그 시각 숭례문을 에워싸고 있는 수많은 고층건물에서는 첨단장비를 앞세운 야간경비를 세워놓고 화려한 불빛을 뽐내며 600년 역사가 사라지는 모습을 지켜보고 있었다.

부끄럽고 또 부끄럽다. 우리 모두가 숭례문 화재의 공범이 되었다. 조상들이 면면히 지켜온 숭례문을 우리시대에 잃었기 때문이다. 반성해야 한다. 네 탓 내 탓을 따지기 전에 참회부터 해야 한다. 와신상담의 고행을 감내하며 결코 잊지 말아야 한다. 뼈아픈 반성과 철저한 원인규명, 빈틈없는 개선책을 마련해야 한다. 그것이 지금 우리가 먼저 할 일이다. 숭례문을 잃은 대가를 치르는 일이다. 숭례문을 우리의 가슴 속에 영원히 살리는 길이다.

많은 시간이 걸리더라도 공직자와 국민들 머릿속에 망각이라는 망령부터 완전히 없애야 한다. 그리고 겸허한 마음으로 다시 시작해야 한다. 이번 잘못을 반면교사로 삼아 국내의 다른 문화재는 물론 세계 각처에 흩어져 있는 소중한 문화유산도 빈틈없이 지키고 빠짐없이 되찾아야 한다.

우리가 소중히 지켜야 할 국보가 어찌 문화재뿐이랴. 한민족의 진정한 국보인 한반도를 나무 한 그루 돌멩이 하나까지 온전히 지켜 후손들에게 물려줄 책무가 우리에게 있음을 명심해야 할 것이다. 숭례문 화재가 우리에게 남긴 교훈이다.

# 일본, 세계의 주역 되려면 과거 반성부터

(2008. 08. 12.)

일본은 국력에 비해 제대로 된 품격을 갖추지 못한 나라다. 아시아의 근현대사를 유린함으로써 첩첩이 쌓인 죄과에 대해 끝까지 반성할 줄 모르는 염치없는 나라다. 외교와 상술엔 능하나 다른 나라에 대한 배려가 부족한 이기적인 나라다. 그중에서도 가장 치명적인 것은 남의 나라를 침략하고 약탈하는 습성을 아직도 버리지 못하고 있다는 것이다.

그런 일본이 마침내 본격적인 본성을 드러내기 시작했다. 조금도 주저함이 없는 노골적이고 적극적인 행보를 시작한 것이다. 그동안 친절을 가장한 웃음 뒤에 감추어왔던 발톱을 이젠 보란 듯이 하나둘 드러내 보이고 있다. 과거 새 정부가 들어설 때마다 관례처럼 독도의 영유권을 주장해 우리 국민들을 자극했던 소극적인 수법이 아니다.

사회과 교과서 학습지도요령 해설서 개정방침으로 포문을 열더니,

바로 다음날 독도를 자국령으로 기술하는 것을 앞당겨 내년부터 시행하기로 확정했다. 이제 거짓 역사를 일본 학생들은 사실처럼 배우게 될 것이다. 여기에 화답하듯 최근 미국은 지명표기로 우리를 우롱하고 독도에 대해 1977년부터 주권 미지정지역이라는 입장을 고수해 왔다는 발표를 한 바 있다.

발표는 미국이 했지만 바꾸어 말하면 일본이 오래 전부터 독도 침탈을 치밀하게 준비해 왔다는 방증이 아닐 수 없다. 더구나 우리 정부의 총리가 독도를 방문한 것을 두고 적절치 못한 행동이라고 서슴없이 말한 일본 관방장관의 발언은 저들의 속셈을 여실히 보여주고 있다.

역사적, 지리적, 국제법상으로 너무나 명백하고 지금 이 시간 실효지배하고 있는 우리의 땅 독도방문이 적절치 못하다면 일본 총리의 자국 시찰 또한 부적절한 처사가 될 것이다. 한 마디로 망언이 아닐 수 없다. 독도를 분쟁화 지역으로 만들어 보려는 일본의 시도는 매우 잘못된 선택이다. 결코 성공할 수 없는 망상이다.

지금은 과거 제국주의시대가 아니다. 세계가 지구촌화된 지 오래고 국제사회가 잘잘못을 구별할 만큼은 성숙돼 있다. 독도수호에 배수진을 친 한민족 모두가 일본을 주시하고 있고 무엇보다 중요한 건 독도가 서기 512년부터 우리 땅이란 사실이다. 일본 역사만큼이나 긴 세월을 우리가 지배해 왔다. 근세에도 대한민국 정부수립과 함께 국제연합으로부터 합법적 주권국가로 승인받을 당시 독도가 대한민국 영토임을 명문으로 규정한 바 있다. 이미 국제사회에서 판정받은 것을 무시하고 또 판정해 달라고 떼를 쓰는 것은 국제질서를 파괴하는 행위요, 터무니없는 억지다.

독도는 고사하고 대마도를 내놓아야 한다. 그러기에 일본은 독도에 대해 사죄하고 다른 선택을 해야 한다. 그동안 처절하게 쌓아온 부를 바탕으로 동북아의 주인공, 나아가 세계 속의 선진국이 되고 싶은 욕망이 있다면 생각을 바꾸어 국가의 품격부터 제대로 갖추어야 한다.

그 첫째가 타국에 대한 침략근성을 뿌리째 뽑아내는 일이다. 이웃나라 영토 침탈에 대한 탐욕을 경계하고 자라나는 2세들에게 과거의 부끄러운 역사를 올바르게 가르칠 일이다. 그래서 지난 세기의 끔찍한 비극이 다시는 되풀이되지 않게 하는 일이다. 최근 프랑스와 독일이 불행했던 과거의 역사 갈등을 풀기 위해 70여 년의 준비 끝에 공동 역사교과서를 완성한 것을 일본은 기억해야 할 것이다.

둘째, 과거사에 대한 진솔한 참회와 반성이 있어야 한다. 전후 서독이 나치의 대학살에 대해 피해국 국민들에게 엎드려 사죄하고 자국 전범들에게 전쟁책임을 철저하게 추궁하였으며 피해자에 대한 보상도 완벽하게 마치고 유럽공동체 형성에 적극적으로 참여한 사실을 일본은 반면교사로 삼아야 한다,

셋째, 일본 정부가 자국의 이익 챙기기에만 골몰할 것이 아니라 동북아의 번영과 건강한 아시아를 만드는 데 기여하고 세계평화에 앞장서는 봉사의 리더십을 발휘하는 방향으로 가는 것이 또한 바른 선택이 될 것이다.

그래야만 비로소 과거의 원죄에서 벗어날 수 있고 올바른 품격을 갖춘 나라로 한 단계 도약할 수 있으며 상처가 아물지 않은 아시아 각국과 진정한 우방이 될 수 있는 계기가 마련될 것이라는 충고를 경청하기 바란다.

# 독도 탐욕 버리는 게 일본 살리는 길

(2011. 04. 12.)

동일본대지진과 거대 쓰나미가 동북부 해안을 폐허로 만든 지 한 달이 됐지만 일본열도는 여전히 공포와 충격에서 헤어나지 못하고 있다. 그러나 그동안 재난에 맞서 일본 국민이 보여준 냉정을 잃지 않는 의연함과 질서정연한 시민의식, 목숨을 건 방재작업에 앞 다퉈 나서는 모습은 세계를 감동시켰고 끝없는 찬사가 이어졌다. 지구촌 각처에서 앞 다퉈 구호의 손길이 이어졌고 진심어린 격려와 함께 아픔을 함께 나누는 친구가 되어 주었다. 하지만 여기까지였다.

인간의 한계를 초월한 대재앙으로 한일관계는 물론 동북아의 기류가 모처럼 우호적인 분위기로 바뀐 상황에서 일본이 끝내 천금 같은 기회를 살리지 못하고 찬물을 끼얹고 말았다. 일본 정부가 독도영유권에 대한 중학교 사회과 교과서 검정결과를 예정대로 강행 발표한 것이다. 내홍을 겪고 있는 나라의 외교장관의 망언은 말할 것도 없고 내용 또한 전보다 강한 표현과 함께 교과서 종류도 대폭 늘렸다. 특히 과거의 치부를 감추는 대신 일제의 악업을 애국주의로 미화시켜 역사를 왜곡하며 군국주의로 회귀하려는 고약함마저 보이고 있다.

아무리 숨겨둔 야욕이 있더라도 지금은 때가 아니었다. 어렵게 찾아온 화해의 기회를 살려 과거청산의 발판을 마련하는 계기로 삼을 수도 있었다. 아니 그렇게 했어야만 했다. 언젠가는 일본 스스로가 반드시 해야 될 일이기에 모처럼 찾아온 기회를 살려 결자해지의 결단을 내렸어야 했다. 그러나 안타깝게도 관료주의적 매뉴얼의 틀에서 헤어나지 못한 채 소탐대실의 우를 범하고 말았다. 대국으로의 변신을 꾀하지 못하고 소국으로 전락하고 말았다.

일본은 과거 한 번의 기회를 이미 잃은 바 있다. 패전 이후 눈부신 경제발전으로 세계 제2의 경제대국으로 전성기를 구가하던 1960, 1970년대 아시아 각국이 어렵던 시절이 호기였다. 그때 용기를 내어 과거를 깨끗이 청산했어야 했다. 피해국에게 잘못을 엎드려 눈물로 사죄하고 전범을 철저히 처벌하고 아낌없는 충분한 보상으로 상처를 입은 모두에게 진심으로 반성하는 모습을 행동으로 보였어야 했다. 그랬다면 일본의 위상과 품격은 지금과 비교할 수 없을 만큼 달라졌을 것이고 아시아의 발전과 관계개선도 훨씬 빨라졌을 것이다.

일본은 결코 독도를 얻지 못한다. 쿠릴열도도 마찬가지고 센카쿠열도를 지키는 것도 힘에 버거울 것이다. 모두가 일제의 침략으로 야기된 결과이기 때문이다. 탐욕을 버리는 것이 일본을 살리는 길이다. 그것이 진정 일본이 승리하는 길이고 대국으로 가는 첩경임을 잊어서는 안 된다.

현재 교류가 있다고 해서 아시아 여러 나라가 과거를 용서했다고 착각해서는 안 된다. 주변 피해국의 가슴 깊이 응어리진 마음을 일본은 정확히 읽어야 한다. 동북아는 이미 세계의 중심에 서 있다. 국제정세의 중심축이 서구에서 아시아로 빠르게 이동하고 있다.

정치 경제는 물론 과학 기술 문화와 스포츠까지도 아시아가 21세기를 선도하고 있다. 한중일은 미래를 위해 함께 나아가야 한다. 진정한 우방이 되어야 한다. 진정한 우방이 되려면 신뢰가 있어야 한다. 그렇게 하려면 과거의 앙금을 깨끗이 씻어내야 한다. 그 열쇠는 일본이 쥐고 있다. 물질적 풍요만 가지고 선진국이 될 수 없다. 선망의 대상도 진정한 리더도 될 수 없다.

일본에게 앞으로 또 이번과 같은 기회가 있다고 장담할 수도 없다. 설사 찾아온다 하더라도 일본이 부담해야 할 정신적 물질적 대가는 지금보다 훨씬 더 크고 무거울 것이다. 늦을수록 숙제는 쌓여가고 부채는 늘어갈 것임을 명심해야 한다. 또 앞으로 다가올 일도 아무도 장담할 수 없다. 그래서 두 번에 걸친 일본의 실기(失機)가 아쉬운 것이다.

일본은 더 이상 허황된 욕심으로 주변국들을 자극하지 말고 하루빨리 이성을 되찾아 지금 겪고 있는 끔찍한 재난을 일본다운 섬세한 감각과 집단적 응집력을 발휘해 능히 극복하고 화려하게 재기하는 전화위복의 참모습을 보여주기 바란다. 그리고 동북아의 발전과 아시아의 도약, 세계평화에 기여하는 일본으로 우뚝 서기를 기대한다. 그러나 무엇보다 먼저 해야 할 일은 일본 스스로를 위해서 편협한 근시안적 안목으로 고립을 자초하지 말고 과거를 깨끗이 청산하고 미래를 향한 큰 그림을 그리는 환골탈태의 현명한 선택이 우선돼야 할 것이다.

# 대선주자, 자기 검증이 먼저다

(2012. 06. 23.)

대한민국 18대 대선은 이미 시작되었다. 유력 대선주자들의 출사표가 이어지는 가운데 여당은 경선규칙에 대한 공방이 한창이고 야당 역시 많은 인사들이 자천타천으로 대선 후보군에 이름을 올리며 후보난립현상까지 나타나고 있다.

언론들도 예비후보들의 움직임을 연일 비중 있게 다루며 진행 과정을 예의 주시하고 있다.

대선이 나라를 이끌어갈 지도자를 뽑는 중차대한 일이고 정당의 궁극적 목표가 정권을 창출하는 일이고 보면, 목표를 달성하기 위해 효율적 수단과 지혜를 동원하는 것을 탓할 수 없고 또 여느 해보다 분주하고 소란스러운 것도 어쩌면 자연스런 일이다.

그러나 정작 국민들의 반응은 신통치 않다. 마땅히 나라의 주인인 국민의 관심과 성원 속에서 이루어져야 할 국가 중대사가 국민들의 호응을 받지 못하고 낮은 지지율을 가진 정당들과 다급해진 대선주자들만 심각하고 바쁘다. 이런 현상이 왜 생겼는지는 우리 모두가 너무나 잘 알고 있다.

첫째는 과거 위정자들의 실정 때문이다. 참신하고 효율적인 미래지향적 정책을 제시해 국민들의 기대에 부응하는 감동적인 장면을 보여주지 못하고 국민을 위한 상생의 정치가 아니라 정권쟁취나 정쟁을 위한 정치로 비쳐지고 있기 때문이다.

둘째는 경기침체와 고물가 고실업 등 눈앞에 닥친 민생고가 다른 것을 생각할 겨를이 없을 만큼 버겁기 때문이다. 훌륭한 정치는 국민에게 희망을 주는 일이다. 국민을 배부르게 하고 불편함이 없게 하며 예측가능한 삶을 영위할 수 있게 도와주는 일이다. 처음부터 끝까지 국민을 위해 국민과 함께 이루어져야 한다. 막강한 권력도 민심과 공유하지 못한다면 빛을 잃는 법이다. 민심을 따르면 성공하고 민심을 거스르면 실패하는 것은 불변의 진리다.

이번 대선은 특히 우리의 국운이 좌우되는 매우 중요한 행사다. 불확실성이 증폭되고 있는 국제정세에 현명하게 대처하고 한반도의 평화통일과 국력신장은 물론 침체된 세계경제와 맞물려 고전하고 있는 우리 경제를 살려 선진국 반열에 올려야 하는 중차대한 시점에 서 있기 때문이다.

그러기에 대선주자들의 검증은 철저히 이루어져야 한다. 경륜과 자질은 물론 정책의 전문성과 합리성, 도덕성과 건강에 이르기까지 면밀하게 검증되어야 한다.

실제로 대선주자들은 검증과정이 기다리고 있다. 당내경선은 물론

TV토론과 국민들의 선택까지 많은 검증을 통과해야 한다. 그러나 이와 같은 장치로도 후보들의 완전한 검증은 불가능하다. 자칫 오류를 범할 수도 있고 검증과정에서 많은 후유증이 초래될 가능성도 있다. 100% 완전무결한 검증은 바로 자기 검증뿐이다. 이것이야말로 가장 확실하고 현명한 방법이다. 따라서 대선주자들은 자기 검증부터 하는 것이 순서다.

권력을 구하기 전에 스스로 자문해 보아야 한다. 나는 과연 대통령직에 대한 소명의식이 있는가? 조국 통일과 국가 발전에 대한 확실한 비전을 가지고 있는가? 갈등을 조정하고 화합으로 이끌 지혜와 포용력은 준비되었는가? 참신한 인재를 발굴하여 등용하고 공평한 인사를 할 수 있는가? 교육에 대한 확실한 비전과 전문적 식견을 가지고 있는가? 경제를 살리고 국민 복지와 문화 창달을 기할 수 있는가? 도덕적 결함은 없는가?

확실한 자기 검증을 마치고 냉철한 판단에 따라 출마를 결정해야 할 것이다. 자신이 없으면, 더 고민하고 미흡한 점이 발견되면 지체 없이 꿈을 접어야 한다. 잘못된 지도자는 역사를 후퇴시키고, 국가를 쇠락하게 하며, 국민을 불행하게 하고 결국 자기 자신까지 파멸시키기 때문이다.

잘 산다는 것이 부유하게 사는 것이 아니라 바르게 사는 것이듯, 대권을 잡아야만 나라와 민족을 위해 헌신할 수 있는 것은 아니다. 인류 역사에 족적을 남긴 위대한 분들은 하나같이 권력이나 명예와 관계없이 자기의 직분에 따라 그저 최선을 다해 국가와 사회에 봉사했을 뿐이다.

우리는 불행하게도 국민들에게 감동을 준 전직 대통령을 갖지 못했다. 재임 중에는 물론, 퇴임 후에도 존경받는 훌륭한 지도자를 선택하는 것은 이 시대를 사는 우리 모두의 몫이다. 미래를 내다보는 예리한 통찰력과 애국 위민의 성실한 국정수행 능력을 갖춘, 자기 검증이 끝난 후보를 역사와 국민은 원한다.

# 세월호 참사의 죄업(罪業)을 씻으려면

(2014. 05. 19.)

끝내 기적은 없었다. 편히 숨쉬기조차 고통스러웠던 지난 한 달여의 시간. 국민들은 노란 리본에 의지하며 진도 앞바다에 시선을 고정시키고 기적이 있기를 기원했다. 아니 무인도에서라도 살아있기만을 간절히 바랐다. 그러나 매일같이 실종자가 사망자로 바뀌었을 뿐 그날 이후 기적처럼 살아 돌아온 생존자는 단 한 명도 없다.

그리고 우리는 망연자실 탈진하여 쏟아내는 가족들의 분노와 원망어린 피눈물을 보고서야 조금씩 깨닫기 시작했다. 수학여행에 부풀었던 1997년생 2학년 아이들을 무더기로 가슴에 묻고서야 비로소 체득하기 시작했다. 좀 더 빨리 우리의 무지와 어리석음을 알았어야 했다. 기적은 그저 오는 것이 아니라 만드는 것임을, 우리에겐 기적과는 거리가 먼 녹슬어 아무 쓸모없는 안전장치를 침이 마르도록 자랑하고 있었음을 눈치 챘어야 했다. 황금에 눈이 멀어 국법을 유린하고 직무를 농단한 탐욕의 무리들을 방관한 죄가 크다는 것을 좀 더 일찍 감지했어야 했다.

그렇다. 우리 모두가 세월호 원혼들에게 용서조차 구할 수 없는 것은 침몰 후 두 시간의 골든타임뿐만 아니라 그동안 곳곳에서 수없이 울려댄 경보음을 무시하고 무사안일에 빠져 천금 같은 시간을 낭비한 일이다. 이제 우리는 교만함이 지나쳐 아무 대책도 없이 기적생환을 바랐던 어리석음을 자인하고 뼈를 깎는 성찰의 고통을 감내해야 한다.

그리고 구명조끼를 입고 질서를 지키면 구조되리라 믿고 억울하게 죽어간 그들에게 답해야 한다. 캄캄한 어둠 속에서 흔들리는 선체를 부여잡고 애타게 불렀을 그들의 마지막 목소리에 참담한 심정으로 답해야 한다. 가만히 있으라는 진심도 능력도 없는 어른들의 인간 신뢰를 믿고 영문도 모른 채 죽어간 그들에게 우리는 시간이 얼마가 걸리더라도 반드시 응답해야 한다. 그들은 우리에게 회피할 수 없는 엄중한 과제를 남기고 떠났다.

세월호 참사의 죄업을 씻으려면 살아 숨 쉬고 있는 우리는 자책과 분노와 슬퍼하기에 앞서 지금 이 시간 무엇을 어떻게 할 것인지를 생각해야 한다. 다시는 이 땅에 그 어떤 천재지변까지도 범접할 수 없는 안전한 나라를 만들어야 한다. 세월호 참사 이전과 이후의 대한민국이 어떻게 달라졌는지를 극명하게 보여줘야 한다. '이게 나라인가' 라는 자조의 말이 누구의 입에서도 나오지 않을 환골탈태한 모습을 그들의 제단에 바쳐야 한다.

세월호 승객의 마지막 한 명까지 생사확인과 시신수습을 마치면 가장 먼저 할 일은 썩은 환부부터 도려내는 일이다. 특검을 하든 청문회를 하든 국민 모두가 납득할 수 있는 철저한 진상규명을 통해 한 점 의혹 없이 전모를 밝혀 1차적 책임이 있는 선주와 선장은 물론 숨어있는 원흉들까지 찾아내어 일벌백계로 처벌하고 책임선상에 있는 모든 공직자는 지위고하를 막론하고 유가족과 국민 앞에 사죄하고 책임져야 한다,

우리 모두가 공범임을 고백하고 참회하고 바로잡아야 한다. 이것이 모든 안전시스템을 송두리째 바꾸는 시작이요, 이 나라가 바로 서는 변곡점이 될 것이다. 만약 끼리끼리 대충대충 빨리빨리 미봉책으로 덮으려 한다면 공황상태에 빠진 국민적 분노와 상처를 치유할 수 없고 다음엔 대한민국호가 침몰할 수 있다는 것을 뼛속 깊이 새겨야 한다.

그리고 우리는 민족의 최대 약점인 망각이라는 괴물과도 싸워야 한다. 지난날 모진 굴욕과 수난을 겪고도 허망하게 잊어버리고 국난을 거듭했던 교훈을 반면교사로 삼아 2014년 4월 16일 진도 앞바다를 잊지 말아야 한다. 천형처럼 우리의 기억 속에 담아두고 와신상담의 교훈으로 삼아야 한다. 그리고 한순간 여지없이 처참하게 추락해 버린 신뢰회복을 위해 기본부터 다시 시작해야 한다.

사람 사는 사회를 만들려면 안전문화에 대한 근본교육부터 바뀌어야 한다. 국가개조 차원의 가치혁명을 이루려면 아주 오랜 시간이 필요할지 모른다. 그래도 기필코 해내야 한다. 그것이 국가의 존재 이유이자 세월호 참사의 죄업을 씻는 길이기 때문이다.

# 시대를 역행하는 아베의 셈법

(2015. 05. 25.)

아베 신조 일본 총리의 과거사에 대한 반성은 끝내 없었다. 미국 방문중 그의 입을 통해 진솔한 사과와 반성의 말을 기대했던 세계인들의 기대를 그는 무참하게 저버렸다. 그러나 이는 예상된 일이었다. 그의 과거식민지배에 대한 역사 왜곡과 군국주의를 부활하려는 탐욕수위는 이미 도를 넘고 있었기 때문이다.

올해 확정된 일본 중학교 교과서 검정결과에는 독도를 한국이 불법으로 점거하고 있다는 내용이 포함됐다. 우리 고유의 영토인 독도에 대한 부당한 주장을 강화하고 일제의 군위안부 강제동원을 '인신매매'라고 지칭하는 등 역사를 왜곡하는 침략적 도발을 거침없이 자행하고 있다.

이는 그동안 아베내각이 추진해 온 일본제국주의의 역사를 미화하고 침략적이고 공세적인 민족주의에 대한 정부 개입을 현실화하고 구체화했다는 점에서 심각한 문제가 아닐 수 없다. 일본의 미래세대에게 지속적인 교육을 통해 의도적으로 왜곡된 역사관을 주입시키려는 것이다. 또한 과거사를 부정함으로써 한국과 중국을 자극해 국내여론을 부추겨 자신의 정치적 목적을 달성하려는 의도도 엿보인다.

아베의 횡포는 역사 왜곡뿐이 아니다. 그는 과거 야만적 제국주의의 부활을 꿈꾸고 있다. 그래서 급진적 우경화 행보도 숨기지 않는다. 그가 강조해 온 '자학사관의 탈피'와 수정주의적 역사인식에 취해 A급 전범이었던 선조들의 전철을 자랑스럽게 답습하고 있다. 더구나 그가 이끄는 자민당이 작년 중의원 선거에 이어 이번 지방선거까지 압승함으로써 아베의 그릇된 판단에 힘까지 실리고 있어 이러한 일련의 행보는 앞으로도 계속될 전망이다.

결국 아베의 셈법은 의도적인 과거사 부정과 역사 왜곡을 통해 주변국들을 자극함으로써 평화헌법을 개정하고 합법적인 군비확충으로 군사 대국화를 노리는 것으로 해석될 수 있다. 이러한 아베의 독선적 사고는 세계평화를 저해하고 시대를 역행하는 매우 어리석고 위험한 선택이 될 것이다. 이는 전후 같은 가해자 처지였던 독일이 걸어온 과정을 보면 알 수 있다.

1970년 서독의 빌리 브란트 총리는 폴란드를 방문해 수도인 바르샤바 제2차 세계대전 유대인 희생자 위령탑을 찾아 무릎 꿇고 사죄했고, 그 후에도 독일의 수뇌부는 기회 있을 때마다 과거사 반성과 청산에 대해 진정성을 보여줌으로써 유럽을 하나로 묶는 데 성공했다.

그런데 일본의 아베내각은 과거 식민지배와 침략으로 아시아인에게 큰 피해를 끼친 것에 대해 사죄해야 한다는 국내외 수많은 양심세력의 외침에 귀를 막고 있다. 지금 이 시간에도 한국과 독일, 일본의 시민단체들은 한 목소리로 시대를 역행하는 아베의 반인륜적인 행태를 규탄하고 있다. 명망 있는 일본 작가 하루키도 "일본이 타국을 침략한 것은 숨길 수 없는 사실이니 이를 인정하고 상대국이 됐다고 할 때까지 사죄해야 한다"고 충고했다. 또 얼마 전 일본을 방문한 독일의 메르켈 총리 역시 과거사 문제와 관련해 "일본이 가야 할 길은 하나뿐이다. 역사를 직시하고 자기의 책임을 분명히 인정해야 한다"며 아베의 면전에서 준엄하게 꾸짖은 바 있다.

이렇게 세계는 일본과 아베가 가야 할 길을 선명하게 제시하고 있음에도 여전히 귀를 막고 있다.

아베는 방송에 출연해 8월에 있을 전후 70년 담화에서 침략과 사죄를 빼겠다고 공언하는가 하면 돈의 힘을 빌려 미국의 오바마 대통령의 히로시마 방문을 성사시키려고 안간힘을 쓰고 있다. 이는 '전범국'이란 꼬리표를 떼어내고 일본도 피해국이라는 술수를 획책하고 있는 것이다. 그러나 이 모든 계획은 결국 수포로 돌아갈 것이다. 아베의 셈법은 처음부터 틀렸기 때문이다.

일본은 과거 300만 명이 희생된 끔찍했던 전쟁에 대한 깊은 반성을 통해서만이 새롭게 태어날 수 있고 새로운 미래를 창조할 수 있다. 일제의 악행으로 고통을 받은 수백 만 명의 아시아를 비롯한 미국·서유럽·러시아 국민들에게 얼마나 무서운 범죄를 저질렀는지, 그들은 왜 아직도 일본에게 분노하고 있는지, 그리고 일본이 왜 원자폭탄을 두 발이나 맞게 되었는지를 깨닫지 못한다면 일본의 미래는 없다.

한·중·일을 주축으로 하는 동북아의 화해협력과 성숙한 발전 또한 기대할 수 없다. 일본을 향한 첨예한 갈등과 냉전적 대결양상만 더욱 심화될 뿐이다.

올해는 종전 70주년이자 한 · 일국교 정상화 50주년이다. 진정한 국교정상화, 진정한 우방이 되려면 일본은 지금이라도 1982년 미야자와 담화, 1993년 고노 담화의 정신으로 돌아가야 한다. 아니 그보다 한 발 더 나아가 일왕이 직접 모든 피해국들과 피해 국민들에게 사죄해야 한다.

아베 총리는 도발을 멈추고 위안부 할머니들 앞에 무릎 꿇고 참회하는 모습을 보여야 한다. 더 늦기 전에 상처가 아물지 않은 주변국과의 관계개선을 통해 진심어린 치유와 화해의 시작을 만천하에 알리고 세계의 평화와 안정을 위해 적극적인 공헌의 길을 찾아야 할 것이다.

# 양안(兩岸)의 변화를 보는 우리의 시각

(2015. 11. 23.)

중국과 대만의 정상이 손을 맞잡았다.

66년만의 일이다. 지난 7일 싱가포르에서 열린 중국과 대만의 첫 정상회담은 양안관계의 급격한 변화를 예고하고 있다. 시진핑 중국 국가주석과 마잉주 대만 총통은 80초 동안의 긴 악수를 통해 같은 형제, 한 핏줄 중화민족임을 만천하에 과시했다.

정상회담에서도 하나의 중국 원칙을 재확인하였다. 분쟁의 평화적 처리, 핫라인 격상, 대만의 일대일로 및 AIIB 참여환영, 경제협력의 가속화와 정상회담 정례화 등 양안관계의 확실한 이정표를 세웠다.

실제로 중국과 대만 두 나라는 1992년 '하나의 중국' 원칙에 합의한 이후 경제문제에서는 단순한 협력관계 이상의 공조를 과시해 왔다. 현재 대만은 전체 무역의 40%를 중국에 의존하고 있고 중국 본토에서 경제활동을 하는 대만인이 200만 명에 이른다. 양안간 인적 교류는 연간

1000만 명을 돌파한 지 오래다.

이처럼 그동안 양안의 경제교류는 눈부시게 발전했지만 정치 군사적인 측면에서는 한 걸음도 나가지 못한 채 대립과 반목을 되풀이하고 있었다. 사상과 체제가 완전히 다른 두 나라의 속성상 아직 갈 길은 멀다. 그러나 이번에 두 정상이 만남으로써 신뢰회복의 단초를 마련했다는 점에서 그 울림은 크게 다가온다.

그동안 빈번하게 맞서 온 양안의 긴장을 해소하고 동상이몽의 간극을 좁힐 수 있는 디딤돌이 마련된 셈이다. 앞으로 경제교류는 물론 정치 군사적 측면에서도 질적 변화가 가속화될 것으로 기대된다.

이처럼 중국과 대만의 관계개선과 신뢰회복의 진전된 모습을 보면서 우리 한반도의 현실을 되돌아보지 않을 수 없다. 우리는 그들보다 훨씬 앞서 두 차례의 정상회담을 가졌고 수 차례의 정치 군사적 회담으로 남북합의하에 훌륭한 결과물도 만들어낸 것은 주지의 사실이다.

1972년 7.4 남북공동성명을 비롯하여 1991년 남북기본합의서와 한반도 비핵화공동선언, 2000년 남북 최초 정상회담을 통한 6.15 공동선언, 2007년 10.4선언 등이 그것이다.

그리고 최근 북한의 목함지뢰 도발로 인해 촉발된 위기극복을 위해 며칠 동안 밤을 새워가며 어렵게 이끌어낸 8.25 합의도 우리의 기억 속에 생생하게 남아있다.

경제교류와 민간교류 역시 남북 근로자들이 함께 참여해서 통일의 꿈을 키워가고 있는 개성공단이 10여 년 넘게 가동되고 있고, 지난 10월 20일부터 제20차 남북 이산가족 상봉행사도 재개되어 혈육의 정을 느끼게 했다. 비록 규모는 작지만 민간교류 차원의 사업도 꾸준히 이어지고 있다.

지자체를 통한 크고 작은 사업들과 체육과 종교를 통한 교류, 겨레말큰 사전 공동편찬사업을 통한 문화교류, 그리고 현재 남북이 민족동질성 회복을 위해 벌이고 있는 유네스코 지정 세계문화유산인 개성 만월대 공동발굴조사도 활발하게 진행되고 있다.

이처럼 남한과 북한은 그동안 다양한 방법으로 관계개선을 위해 노력해 왔고 성과 또한 적지 않았다. 그러나 그럼에도 우리는 더 큰 걸음으로 앞으로 나아가지 못하고 머뭇거리는 시간이 너무 길다. 아직 우리에겐 하루속히 해결해야 할 난제들이 여전히 남북의 테이블 위에 놓여 있다.

크게는 북핵문제를 비롯하여 이산가족의 상시만남과 서신교환, 국군포로와 납북자 송환 등이 통일 이전에 남북이 지혜를 모아 후회를 남겨서는 안 될 사안들이다.

남북의 통일정책 수립에는 가용할 수 있는 모든 것을 포함시켜 최선을 다해야 한다. 큰 틀의 민간교류를 포함한 사회문화 교류를 확대하여 남북한간의 거리감을 줄이고 공동체 의식을 형성해야 한다. 그중 가장 중요한 것은 합의이행이다. 아무리 작은 약속이라도 반드시 지킨다는 신뢰가 전제되어야 흔들림 없이 다음 단계로 나아갈 수 있고 통일을 향한 가속페달을 밟을 수 있을 것이다.

남북은 8.25회담에서 '남북관계를 개선하기 위한 당국회담을 서울 또는 평양에서 빠른 시일 내에 개최한다' 고 합의했다. '8.25 남북합의'로 조성된 남북관계 개선의 계기를 적극적으로 활용하여 신뢰에 기초한 새로운 남북관계를 정착시켜야 한다.

남북한간의 경제, 사회문화공동체를 형성하기 위해 우리 정부가 북한에 당국간 회담을 세 차례나 제의했으나 북은 아직도 반응을 보이지 않고 있다.

북한도 하루빨리 대결시대의 사고와 행태에서 벗어나 민족 전체의 성장 동력을 확보하고 안전과 행복을 보장하는 길로 나서야 할 것이다.

# 위안부 할머니들이 용서했는가?

(2016. 01. 05.)

한국과 일본이 24년 동안 끌어왔던 일본군 피해여성 문제 해결에 합의했다고 발표한 이후 후폭풍이 거세다. 대체로 문제가 되고 있는 것이 '최종적이고 불가역적 해결' 표현에 관한 것과 '소녀상 이전' 에 관한 것, 또 사죄의 '진정성이 없다' 는 점 등이다.

한 · 일 양국이 일본군 피해여성 문제에 대한 당국자 회담에 나선 것은 과거 아픈 역사를 치유하고 미래로 나아가기 위함이다. 관계개선에 따른 자국의 이해득실과 한 · 일 수교 50년을 넘기지 않으려는 의지 등 여러 가지 복잡한 사정을 극복하고 합의에 이르렀을 것이다.

그럼에도 이처럼 이번 합의에 반발하는 것은 한 · 일 양국이 가장 중요한 것을 놓쳤기 때문이다. 이 문제의 핵심인 피해 당사자들을 외면하고 당국자끼리 일방적으로 합의해 버린 미숙한 처사가 불러 온 당연한 결과다.

일본은 피해 할머니들에게 가장 중요한 사죄의 진정성을 보여주기는 커녕 합의가 끝나자마자 마치 면죄부를 받은 것처럼 의기양양한 모습을 연출하기에 급급했다. 우리 정부는 일본군 피해 할머니들과 사전 상의 없이 선합의 후설득을 택함으로써 당사자들과 국민들의 정서를 외면했다는 여론에서 자유스러울 수 없게 되었다. 이에 대해 당국에서는 이번 합의는 끝이 아니라 시작이라며 "일본의 성실한 이행을 전제로 합의가 이루어졌다"고 말하지만 당사자들과 국민들은 이 말에 우호적이지 않고 설득력 또한 약하다.

한·일 양국은 일본군 피해 할머니와 국민들이 지적하는 합의결과에 대한 문제점을 직시하고 앞으로 합의 이행을 실행함에 있어 세심한 주의를 기울여야 할 것이다. 먼저 한국과 일본은 이번 합의에서 일본이 피해자 치유조치를 성실히 이행한다는 전제로 일본군 피해 여성 문제가 '최종적이고 불가역적'으로 해결된다고 하였다.

이 '최종적이고 불가역적'이라는 단어를 누가 넣자고 제의했는지에 대해서도 설왕설래가 이어지고 있지만 이는 본질에서 벗어난 논쟁일 뿐이다. 왜냐하면 용서의 주체가 한·일 양국이 아닌 일본군 피해 할머니들이기 때문이다. 따라서 당사자인 일본군 피해 할머니들이 용서하지 않았다면 합의가 이루어졌다 해도 끝난 것이 아니다.

최종적이고 불가역적이 아니라 일본은 국가가 존재하는 한 사죄해야 한다. 아베 총리를 비롯한 후임 총리들은 계속해서 끊임없이 사죄해야 한다. 이 문제를 끝내고 싶다면 일본 정부는 일제가 자행한 만행을 진정으로 뉘우치는 모습을 행동으로 보여주어야 한다. 일본군 피해 할머니들의 명예와 존엄부터 회복시켜 주어야 한다. 금전으로 해결할 문제가 아니다.

평생을 한을 안고 살아온 그분들이 사죄의 진정성에 마음을 열어 용서한다고 말할 때 비로소 이 문제는 해결될 수 있는 것이다. 그러기에 일본에게는 시간이 별로 없다. 연로하고 몇 분 남지 않은 일본군 피해 할머니들이 돌아가시고 나면 일본은 영영 제대로 된 용서를 구할 수 없게 된다는 점을 명심해야 할 것이다.

다음은 소녀상 이전문제인데 이는 사실여부를 떠나 한 마디로 어불성설이다. 소녀상이 왜 세워졌으며 왜 그 자리에 세워야 했는지, 그리고 어떻게 해서 세워졌는지를 간과한 처사다. 외교부장관이 일본과 합의한 후 공동기자회견에서 주한 일본대사관 앞 소녀상 문제를 관련단체와 협의하겠다고 말해 국민들의 귀를 의심케 했다.

또 기시다 후미오 일본 외상은 자국 언론에 소녀상이 이전되는 것으로 알고 있다고 말해 의혹을 증폭시킨 바 있고, 요미우리, 산케이 등 일본 언론들은 연일 '소녀상을 철거하라' 는 기사를 내보내며 한국 정부를 압박하고 있다.

지난 2011년 12월 14일 수요 집회 1000회를 기념하여 시민들의 성금으로 세워진 '평화의 소녀상' 은 일본군 피해 여성 문제의 상징이다. 현재 소녀상은 전국 27곳과 미국, 캐나다 등에 일본군 피해 여성 기림비가 세워져 있고 추가 건립운동도 진행되고 있다. 일본이 진정으로 사죄할 마음이 있다면 철거를 주장할 것이 아니라 소녀상을 보면서 부끄러운 과거를 반성하는 태도를 가져야 하며 추가 건립을 막아서도 안 된다.

일본의 사죄하는 방식도 진정성이 없다는 것이 일반적인 견해다.

한·일간의 외교에 있어 중차대한 사안을 아베 총리 자신이 직접 나서 사죄하지 않고 외상으로 하여금 대독케 함으로써 앙금을 키우고 진정성 논란의 불씨를 만들었다. 또 아베 총리는 합의 다음날 잉크도 마르기 전에 이제 일본군 피해여성 문제는 모두 끝났고 더 이상 사죄는 없으며 한국은 약속을 어기면 국제사회에서 끝이라는 망발을 함으로써 우리 정부로부터 경고를 받기도 했다. 아베와 일본 정부의 사죄가 진정성이 없다고 보는 이유다. 진정한 사죄는 말보다 행동으로 보여주어야 한다.

전범들을 대신해 당국 책임자인 총리가 참담한 고초를 겪은 할머니들 앞에 정중히 무릎 꿇고 사죄함으로써 진정성 논란은 끝난다. 전후 독일은 나치가 저지른 죄업에 대해 독일의 정상들이 기회 있을 때마다 피해자들 앞에 무릎 꿇고 사죄하는 모습을 보여주었다. 일본은 최소한 그 흉내라도 내야 진정성에 대한 오해가 풀릴 것이다.

일본 총리가 진정으로 사죄할 마음이 있다면 일본군 피해 할머니나 소녀상 앞에 무릎 꿇는 것이 결코 어려운 일이 아니다. 일본군 피해 여성문제 해결의 가장 확실한 합의이행은 가해자인 일본이 생존해 계신 46명의 할머니들이 살아계실 때 진솔하게 용서를 구하고 용서받는 것이다.

# 지도자는 말 한 마디도 신중해야 한다

(2016. 07. 15.)

기자들과의 식사자리에서 '99%의 민중은 개 · 돼지', '신분제를 정했으면 좋겠다' 는 막말을 한 교육부의 고위 관리가 논란의 중심에 섰다. 아무리 사석이라고 해도 그는 왜 시대착오적이고 국민들의 공분을 살 위험한 말을 그리도 당당하게 했을까. 사안의 심각성을 일깨워 준 뒤에도 취소를 거부한 그의 태도에 경악할 뿐이다. 대다수의 국민들은 일시적 충동이나 술자리 탓이 아닌 그가 속한 주변의 환경과 평소 간직해 온 소신의 발로라고 생각하는 사람들이 많다.

이 나라 교육정책을 기획하고 다른 부처와 정책을 조율하는 공직자로서 상상할 수도 없는 품격미달의 막말을 그리 쉽게 할 수는 없는 노릇이기 때문이다. 근래에 국민들을 어리둥절하게 만든 지도층 인사들의 부적절한 말은 이뿐만이 아니다. 지도자들이 힘겨워 하며 팍팍하게 살아가는 국민들을 실망시키고 마음을 더욱 어둡고 허탈하게 만든 어록들은 열거하기 민망할 정도로 많다.

얼마 전 자기와 같은 당 소속 대표를 향해 입에 담지 못할 막말을 해 질타를 받은 국회의원이 있었다. 취중이라 해도 결코 있을 수 없는 일이다. 국민들은 이를 참담한 심정으로 보고 들었다. 그뿐만이 아니다. '저 쓰레기를 좀 치워라' '개는 짖어도 기차는 간다.' 국민이 개 · 돼지라면 그들이 내는 세금을 받아먹고 살아온 그는 개 · 돼지에 기생하는 기생충이거나 진딧물과 같다.

대통령과 각을 세우면 안 된다는 생각에 '병신' 이라는 소리를 들으면서도 참았다. 충돌과 반목으로 정쟁이 나서 안위를 잃어버린다면 '대한민국은 없다.' 최근 몇 달 사이에 신문과 방송을 통해 국민들이 보고 들은 말들이다.

모두가 하나같이 지도자로서는 삼가야 할 부적절한 언사들이다. 국민을 가벼이 여기기 때문에 생겨난 일이다. 이 같은 말을 전해 들은 국민들은 얼마나 그 말에 공감했으며 과연 어떤 심정이었을까. 한 번쯤 생각해 보았는지 묻고 싶다. 그들에게 전권을 위임하고 믿고 의지하며 살아가는 국민들에게 희망과 용기를 주어도 모자랄 판에 '민중은 개 · 돼지' '대한민국은 없다' 고 한다면 국민들은 어쩌란 말인가. 참으로 무책임하고 한탄스럽고 답답한 노릇이다.

서로를 소통시키는 말은 잘 사용하면 행복이 배가되지만 잘못 사용하면 실망과 좌절을 안겨주게 됨을 우리는 수없이 보아왔다. 소규모 모임의 리더도 회원들 앞에서 긍정의 말을 해야 그 모임이 잘 된다. 더구나 수백 만 수천 만을 이끌어가는 국가의 지도자는 어찌 해야 될지는 너무도 자명한 일이다.

지도자란 어려운 때일수록 국민들의 기를 죽이는 말 대신 기를 살리는 말을 많이 해야 한다. 좌절하지 않도록 감싸고 일으켜 세워야 하며 부정적인 말 대신 희망을 주는 말로써 이끌어야 한다. 말이란 모두의 생각과 꿈과 믿음을 확인하는 요소가 되기에 그렇다.

역사적으로 평가받는 훌륭한 지도자들은 하나같이 백성이나 국민들에게 꿈과 희망을 심어주었다. 고난을 무릅쓰고 혼신의 힘을 다해 분열이 아닌 단결의 방향으로 이끌었다. 성군으로 추앙받는 세종대왕이 그랬고, 처칠과 링컨이 그랬다. 투쟁 대신 끊임없이 꿈을 이야기했던 마틴 루터 킹 목사가 그랬다.

우리의 선인들도 말은 '마음의 거울' 이요, '마음의 나들이' 라고 했다. 남 앞에서 내놓고 얘기한다는 것은 내 마음 속에 있는 생각이 외출한다는 것이다. 보통사람들도 그 사람이 하는 말을 듣고 대체로 그 사람의 인품을 평한다. 하물며 대중의 존경을 받고 귀감이 되는 인사나 한 나라를 이끌어 가는 지도자들의 말은 그 무게를 언급할 필요조차 없다. 그들의 말 한 마디 한 마디가 시시각각 세계의 뉴스가 되고 곧바로 국민들의 삶에 영향을 미친다.

지도자의 말이 그 나라의 이해와 직결되고 품격의 척도가 되는 세상이다. 지도자들이 말 한 마디에도 신중을 기해야 하는 이유다.

# 국민이 원하는 것은 바른 정치다

(2016. 12. 13.)

박근혜 정권의 퇴진을 요구하는 촛불집회가 한 달 넘게 이어지고 있다. 대통령과 비선실세로 지목된 최순실과 그의 측근들, 그리고 고위 공직자와 청와대 비서들이 저지른 국정농단으로 나라가 위기에 처했다.

정치가 무엇인지, 대통령이라는 자리가 어떤 의미를 가졌는지조차도 모르는 이들의 기이한 행태가 다방면에 걸쳐 적나라하게 드러나고 있다.

국민들은 무너진 상식에 놀라고 총체적이고 엽기적인 권력형 비리에 분노와 허탈감에 휩싸였다. 그래서 이를 바로잡기 위해 촛불을 들고 나섰다. 매서운 추위에도 150만의 시민들이 광화문광장과 세종대로에 운집해 대통령의 즉각 퇴진을 요구한다. 날만 새면 쏟아져 나오는 속보에 국민들은 아연실색하여 할 말을 잃고 끓어오르는 울분을 촛불로 대신하고 있다.

국민을 배신하고 헌법을 유린한 그들의 단죄를 요구하고 있다. 국가의 시스템을 사유화하고 국민들의 자존심을 짓밟고 대한민국을 일시에 세계의 조롱거리로 만들어 버린 세력들을 응징하라는 목소리가 거세다.

서울과 지방, 해외에서까지 '이게 나라냐' 고 울부짖으며 대통령의 하야를 외치고 있다. 충격을 딛고 울분을 토로하는 사람들은 초등학생부터 노인까지, 지역과 세대, 성별과 종교를 초월해 한 목소리로 대통령의 퇴진명령을 내리고 있다.

그런데도 지지율 4%의 대통령은 아랑곳하지 않는다. 입만 열면 국가안보를 역설하고 비정상의 정상화를 강조했던 대통령은 귀를 닫은 채 꿈쩍도 하지 않는다. 아직도 잘못을 인정하지 않는 것인지, 민심을 제대로 읽지 못하고 있는 것인지, 국가안보의 심각성을 모르는 것인지 의심스럽다.

국제질서의 다극화가 급하게 진행되고 있고 미·중 경쟁의 파고 속에 북핵과 미사일 위협까지 한반도가 격랑에 휩싸인 지금 혼란스런 사태에 국가의 안위가 심히 위태롭다. 외교안보에 관한 최종 결정권자의 리더십 공백은 치명적인 결과를 초래할 수 있기 때문이다. 대통령이라는 자리는 대통령의 법률적 권한 이전에 국가를 대표하는 상징적인 존재다.

그런데 그 상징적 권위가 피의자로 전락한 채 추락하고 말았다. 대통령은 이제 결심해야 한다. 민심은 대통령을 떠났다. 모든 치부가 백일하에 드러난 이상 감추려고 하면 할수록 나라의 혼란만 가중되고 대통령의 추한 모습만 더해질 뿐이다. 즉각 사퇴를 선언함으로써 국정공백과 혼란을 최소화할 수 있는 길을 열어주는 것이 대통령으로서 국민들에게 해야 할 마지막 도리다.

지근거리에서 대통령을 보좌하는 이들은 대승적 차원에서 지금 해야 할 소임이 무엇인지 돌아보아야 한다. 무엇이 나라를 위하는 길이고 바르게 대통령을 보필하는 것인지 생각해 보아야 한다. 그것은 대통령의 퇴진을 간언해야 한다. 그것이 진정으로 나라를 위하고 대통령을 위하는 길임을 명심해야 할 것이다.

그리고 정치권을 비롯한 공직자들은 이 중차대한 난국을 맞아 이성적으로 대처해야 한다. 국민들이 할 일과 정치권이 할 일, 공무원이 할 일은 확연히 구분되어야 한다.

정치권은 먼저 국정을 위임한 국민들에게 정국이 이 지경까지 온 것에 대해 책임을 느껴야 한다. 정파와 개인의 정치적 이해관계를 떠나 냉철한 판단과 사명감으로 먼저 국가의 안위부터 살펴야 한다. 조타수 없이 표류하고 있는 이 난국을 수습하기 위해 가장 바람직하고 효율적인 해법이 무엇인지를 밤새워 고심해야 한다. 상처받고 분노하는 성난 민심을 어루만지고 정국을 안정시켜 전화위복의 계기를 만드는 데 혼신의 힘을 다해야 한다.

공직자들도 마찬가지다. 추호도 흔들림 없이 자기의 맡은 소임을 공명정대하게 수행함으로써 국민들에게 신뢰를 심어주는 일이 시급하다. 정국안정과 위기극복을 위한 지혜를 모아 성숙된 미래로 나아가는 데 각고의 노력을 기울여야 할 것이다.

우리 모두는 이번 희대의 국정농단사태를 보면서 뼈저리게 되새겨야 할 것이 있다. 그것은 동서고금을 막론하고 국민들이 원하는 것은 단 하나, 바른 정치라는 사실이다. 그리고 바른 정치를 원한다면 국민은 바른 사람을 선택해야 한다. 바른 정치의 유무에 따라 국가의 흥망도, 국민의 행복도, 국가의 안보도 직결된다는 사실을 와신상담(臥薪嘗膽)의 교훈으로 새겨야 한다.

望拜壇

# 5부

# 미래를 향한 정책의 변화

# 이명박 정부가 성공하려면

(2008. 06. 23.)

한반도의 6월은 기운이 넘치다 못해 폭발하는 달인가. 우리의 기억 속에 각인되어 잊지 못할 일들이 유난히 많다. 1926년 6.10 독립만세운동을 비롯하여 1950년 동족상잔의 6.25 한국전쟁, 1964년 6.3 학생운동, 1987년 6.10 민주항쟁과 6.29 선언, 2000년 역사적인 6.15 남북정상회담, 2002년 여름 전국을 아름답게 수놓았던 월드컵의 붉은 악마들, 그리고 2008년 6월, 지금 한반도는 또다시 광장의 촛불이 타오르고 있다.

남녀노소, 지역과 계층을 불문하고 들불처럼 번지며 전국을 달구고 있다. 표면적으로는 문제가 있는 미국산 쇠고기 수입 반대를 위한 시위지만 속내를 들여다보면 이명박 정부에 대한 총체적 불신이 도사리고 있음을 알 수 있다.

이제 겨우 출범 100일을 넘긴 시점이지만 국민들을 실망시키는 크고 작은 실수가 반복적으로 일어났기 때문이다. 잘못된 협상에 대한 어설픈 변명, 확연히 나타난 편향된 인사, 상상을 초월한 부자 내각을 보며 소외된 계층의 사회적 약자들은 이명박 정부에 대한 신뢰와 동지애를 거두어들이고 있다. 530만 표차라는 압도적 지지를 보냈던 국민들은 이제 정부를 향해 소고기 재협상을 요구하며 항복을 외치고 있고 정부는 국민들에게 조급함에 대한 서운함과 답답함을 호소하며 소통을 원한다.

그런데 극과 극으로 치닫는 두 세력을 중재하고 해결해 줄 이 시대의 어른은 보이지 않는다. 18대 국회는 아직 원구성조차 하지 못하고 있고 엄청난 혈세를 써가며 선출된 의원들은 의사당을 비워둔 채 방황하고 있다. 좀처럼 좁혀지지 않는 평행선을 무너뜨릴 묘책은 없고 세종로 한복판에 컨테이너 방어막이 해결책을 대신한다. 수많은 인사들이 백가쟁명식 해법을 연일 쏟아내고 있지만 신통한 방안은 나오지 않는다. 정부는 임시처방의 효험도 없는 대책으로 일관하며 천금 같은 시간을 낭비하고 있다. 한쪽에서는 정권퇴진의 목소리도 들린다.

그런데 정권퇴진을 한다고 해도 정치권을 바라보면 대안이 있는 것도 아니다. 설상가상으로 하늘 높은 줄 모르고 치솟는 고유가에 물가는 춤을 추고 하향곡선을 그리고 있는 세계경제도 서민들의 고통을 가중시키고 있다. 그러나 포기해서는 안 된다. 우리에겐 아직 희망이 있다. 시간도 결코 늦지 않았다.

이명박 정부가 성공하려면 그 처방의 첫째가 소통을 통한 국민화합이다. 둘째가 한반도 대운하의 백지화다. 셋째가 인물본위의 거국내각 구성이다.

이 모든 것이 대통령의 결단에 달렸다. 완전히 비워야 다시 채울 수 있다. 상대방이 원하는 것을 줄 때 상대방도 원하는 것을 내준다는 평범한 진리를 되새겨 볼 때다. 그러기 위해서는 대통령이 말한 바 있는 국민과의 소통이 관건이다. 국민과 소통하려면 먼저 마음을 비우고 국민 편에 서야 한다.

촛불 시위대의 맨 앞자리에 대통령이 서 있어야 한다. 국민이 원하는 것이 바로 그것이기 때문이다. 의혹과 불신으로 가득 찬 상대와 소통이 이루어지려면 먼저 그 사람이 원하는 것을 함께 공유하는 진정성을 보여야 한다. 자신의 속마음을 한 점 남김없이 치부까지 드러내어 보여줘야 한다. 상대방이 원하는 것보다 더 많은 것을 양보할 때 그것이 단초가 되어 감동적인 소통의 문이 열릴 수 있기 때문이다.

그러기 위해서 대통령은 초심으로 돌아가 국민들이 원하는 것 이상을 내놓아야 한다. 가장 힘들고 어려운 결단부터 단행해야 한다. 가장 소중한 것부터 국민들에게 돌려주어야 한다. 두고두고 괴롭히는 종기의 뿌리를 근원부터 뽑아야지 주변만 건드려 덧나게 해서는 안 된다. 때를 놓쳐서는 안 된다.

취임 초기 높았던 지지도가 퇴임할 때 바닥으로 추락하여 쓸쓸한 뒷모습을 보이며 떠난 전직 대통령을 우리는 여럿 보아왔다. 우리 국민 누구도 이명박 정부와 대통령이 그렇게 되기를 원하지 않는다. 그것은 국운이 쇠하는 길이기 때문이다. 힘겨운 6월 국정의 최고책임자인 대통령의 현명한 결단으로 정부도 살리고 국민도 살리고 나라도 중흥시켜 역사에 큰 업적을 남기고 국민들의 아쉬움 속에 박수를 받으며 퇴임하는 최초의 대통령이 되기를 기대한다.

# 한반도, 변화의 시대 중심에 서야

(2008. 12. 03.)

40대의 혼혈정치인 오바마가 미국 대통령에 선출됨으로써 세계는 새로운 질서, 새로운 시대의 서막을 알리고 있다. 미국은 암울한 경제의 먹구름 속에서도 민주주의의 진화에 대한 자긍심으로 국제적 신뢰를 회복했고 미국 국민들은 아메리칸 드림의 부활을 노래하며 흑백과 남녀노소가 얼싸안고 열광했다. 뿌리 깊은 인종에 대한 편견과 개인의 정체성에 대한 혼란을 극복하고 미국 232년의 역사를 새로 쓴 인간승리에 세계는 큰 기대와 함께 아낌없는 찬사를 보내고 있다.

그렇다면 오바마 승리의 원동력은 과연 무엇인가. 그것은 바로 변화에 대한 갈증을 희망의 메시지로 답했기 때문이다. 국민통합, 나아가 세계통합에 대한 믿음과 진정성에 국민들이 신뢰를 보내준 결과라고 말할 수 있다. 그는 처음부터 끝까지 일관되게 변화와 희망과 통합을 외쳤다. 진보와 보수, 여야, 흑백, 빈부, 세계를 향해 우리는 하나라는 사실을 조금도 흔들림 없이 각인시켜 인종과 종교를 뛰어넘어 미국 국민과 세계인의 가슴에 불을 지폈다.

미국 대선 결과를 두고 한편에서는 부시공화당 정권의 전쟁으로 얼룩진 외교실패와 심각한 금융위기를 야기시킨 데 따른 반사이익이라고 보는 견해도 있지만 그것은 본질이 아니다. 오바마가 변화를 역설하면서 통합을 외면했거나 통합을 이야기하면서 변화에 둔감했다면, 아니 입으로는 통합과 변화를 말하면서도 실천에 대한 확고한 의지와 소신이 없었다면 완벽한 승리를 장담하기엔 무리가 있었을 것이다.

미국뿐 아니라 세계는 지금 기존의 틀을 뛰어넘는 획기적인 변화와 변혁을 요구하고 있다. 일방적인 패권주의가 가고 국제협력시대, 다인종 다문화시대로 빠르게 전환하고 있다. 우리 한반도라고 예외가 될 수는 없다. 우리도 지금 변화하지 않으면 안 된다. 분초를 다투며 변화하는 시대의 흐름을 외면하거나 때를 놓쳐서는 안 된다. 새로운 시대에 맞는 변화와 통합의 리더십을 발휘해 한반도가 그 중심이 돼야 한다. 그러나 지금 한반도의 현주소를 들여다보면 이러한 새로운 세계질서의 흐름에서 이탈의 조짐마저 보이고 있다.

새 정부 출범 이후 보수진영에서는 김대중, 노무현 정부를 가리켜 잃어버린 10년이라고 말한다. 이른바 햇볕정책 10년 동안 국민을 무시한 일방적 퍼주기식 왜곡된 대북정책으로 북한의 버릇만 나빠지고 핵개발만 도와준 꼴이 됐다고 주장하고 있다. 그동안 진전된 남한과 북한의 순기능에 대해선 평가가 인색하고 애써 외면하려 한다.

진보진영에서는 이명박 정부가 들어서면서 성급하게 지난 정부와의 차별화를 시도하다 첫 단추가 잘못 끼워져 남북관계가 악화되고 반목의 골이 깊어지고 있다고 책임론을 편다. 이들도 역시 북한에 대해 당당하지 못했던 비효율적인 대북지원, 국민합의를 이끌어내지 못한 채 밀어붙인 정책에 대한 반성은 없어 보인다. 해일처럼 밀려오는 위기 앞에 양쪽 모두가 편향된 생각에 매몰되어 상대방에 대한 경청과 배려가 없이 천금 같은 시간을 낭비하고 있다.

이 와중에 북한은 남북관계 차단의 강도를 높여가고 있다. 이명박 정부의 대북정책 변화에 따른 갈등과 금강산 관광객 총격사건, 김정일 위원장의 건강이상설 등으로 남북 교착상태의 장기화에 골몰하던 북한이 마침내 매우 위험하고 부적절한 카드를 빼들고 구태의연한 전술을 구사하고 있다. 그러나 이는 시대정신에 역행하는 잘못된 판단이다.

지금은 쇄신이 필요한 때다. 과거와 같은 방식을 과감히 버리고 새롭고 전향적인 방법을 택해야 한다. 남한과 북한이 지금 당장 해야 할 일은 만나서 대화하는 일이다. 주저하지 말고 지금 당장 마주 앉아야 한다. 남측도 북측이 대화의 장에 나올 수 있도록 배려하는 대승적 차원의 특단의 조치가 요구된다. 실용과 상생에 대한 진정성을 알리는 적극적인 노력이 부족하다.

남북 모두가 힘겨루기나 길들이기 같은 소모적이고 비생산적인 생각을 버리고 한반도의 평화와 통일, 민족공영과 통합에 대한 진지한 논의가 핵심이 되어야 한다. 단절과 폐쇄가 아니라 한 발 앞선 대화와 협력만이 위기를 기회로 만들고 한반도가 변화의 시대 중심에 설 수 있는 첩경임을 명심해야 할 것이다.

# 동북아 정세변화와 한반도의 미래

(2015. 02. 26.)

지금 동북아는 겉으론 평온을 유지하고 있지만 강대국들의 갈등이 점철되면서 물밑에선 혼란스럽게 전개되고 있다. 미중과 중일, 한미일과 북중러를 중심으로 나라들간의 다양한 힘겨루기가 진행되고 있다.

특히 한반도를 둘러싼 외교안보적 경쟁은 이미 시작된 지 오래다. 미국은 한국 및 일본과의 동맹을 강조하며 아시아 회귀정책을 펴면서 중국을 압박하고 있는 가운데 고(高)고도미사일방어체계 사드(THAAD)의 주한미군 기지내 도입문제를 둘러싸고 신경전이 벌어지고 있고, 한미일 군사정보공유약정(MOU) 체결의 주된 목적 또한 미국 주도의 한미일 삼각 미사일방어체계를 구축하여 대북, 대중 탄도미사일 요격작전을 수행하려는 데 있다.

이러한 일련의 움직임에 대해 중국은 자국에 대한 봉쇄, 포위 전략으로 받아들여 당장 미국의 패권에 도전하기보다는 급속한 군비증강과 러시아, 인도 등에 대한 다중외교에 심혈을 기울이며 방어태세에 진력하고 있다.

중일 관계 역시 순탄하지만은 않다. 센카쿠열도(댜오위다오)를 둘러싼 갈등은 여전히 현재진행형이고 아시아의 강자로 군림해 온 일본이 그 자리를 탈환하기 위해 절치부심하는 아베의 도전은 집단적 자위권을 내세운 재무장으로 더욱 거세지고 있어 언제든 무력시위로 발전할 소지를 내포하고 있다.

한일관계도 마찬가지다. 양국이 개선의 필요성은 알지만 아베 내각의 역사인식의 변화와 독도영유권의 포기, 과거사 반성과 같은 본질적 해결 없이는 관계복원이 쉽지 않을 전망이다.

북중관계는 현재 북한의 러시아 친화정책과 상호간 국가이익의 불일치로 갈등이 표출되고는 있으나 중국이 북한을 포기할 것이라고 보기는 어렵다. 반세기 넘게 이어온 애증이 살아있고 아직 냉전의 유산이 남아있는 동북아 정세에서 지정학적으로 서로를 필요로 하는 근본적인 이익이 일치하기 때문이다. 중국은 현재 사실상 북한의 독점적 경제협력 동반자라는 이점도 누리고 있다. 미국의 동북아 정책비중이 높아질수록 북중의 관계개선은 더욱 빠르게 진행될 수도 있을 것이다.

이같이 시기적으로 복잡하고 냉엄한 현실 앞에서 우리의 외교안보적 과제는 실로 무겁다. 그 해답은 한중관계와 남북문제에서 찾아야 한다. 시간이 흐를수록 한중관계의 비중은 점차 높아지고 있기에 한미동맹과 협력도 중요하지만 그 명분 아래 미국의 대중 포위전략에 편승해서 중국을 적대시하는 결과가 되어서는 안 된다는 것이다.

미국의 역사학자 라이샤워의 말을 상기해 볼 필요가 있다. "전후 미국의 동북아에 대한 관심의 핵심은 중국이었고 중국을 견제하기 위해 일본의 가치가 재발견되었으며 일본을 키우기 위해 그 뒷마당으로 한국 등이 필요하게 되었다." 우리가 뒷마당으로 전락하지 않으려면 미중 패권다툼의 사이에서 우리가 취할 수 있는 것은 거시적 안목으로 새 질서 구축을 위한 노력이다.

그 첫 번째가 균형외교로서 가교역할을 담당하기 위한 전략이고 그것을 실행하기 위해서는 남북관계 개선은 필수적이다. 그러나 현재 남북관계는 개선될 기미가 보이지 않는다. 박근혜 대통령은 신년기자회견에서 "주저 말고 대화에 응하라"고 하면서 북한의 변화를 촉구했다. 북한 김정은 노동당 제1비서는 2015년 신년사에서 남북관계의 "대전환과 대변혁"을 강조했다. 이처럼 남한과 북한의 정상들이 대화와 교류의 의지를 천명하고 있지만 상호 '선행동'만 요구하고 있다.

북한은 우리의 대화요구에 거친 비난과 미사일 발사에만 열을 올리고 있고, 남한은 북한을 변화시키기 위한 뚜렷한 개선책을 내놓지 못하고 있다. 이는 복잡하게 전개되는 동북아 변화에 대처하는 전략이나 한반도 문제 해결에 전혀 도움이 되지 않는다. 북핵문제 해결이나 통일문제 논의에도 장애로 작용할 공산이 크다. 한반도를 둘러싼 긴장은 3월에 실시되는 한미합동군사훈련과 맞물려 더 높아질 조짐도 있다.

올해는 우리가 일제 식민지배에서 벗어난 광복 70년이자, 남북 분단 70년이 되는 해이다. 남과 북은 거시적인 안목으로 조국의 미래, 민족의 미래에 대한 성찰이 필요한 때다. 우선 미중과의 관계는 이들 두 나라가 수용할 수 있는 확고한 원칙을 세우고 합리적인 설득력을 키워나가야 하며, 일본의 군국주의 책동에 대해서는 우리의 단호하고 결연한 의지를 보여주는 외교력이 필요하다.

우리에게 가장 중요하고 큰 난제인 남북관계는 국민적 합의도 중요하지만 대통령의 적극적이고 통큰 결단이 필요한 시점이다. 이미 나진-하산 프로젝트 등으로 빛이 바랜 5.24조치를 고리로 교류의 물길을 터서 장기간 경색된 남북문제를 대화국면으로 전환해야 한다. 이것이야말로 급변하는 동북아 정세에 대처하고 남북문제를 해결하는 첫 걸음이 될 것이다.

# 정전체제 62주년, 이제 평화체제로 가야

(2015. 07. 20.)

한국전쟁 정전협정 62주년을 맞는다. 1953년 7월 27일 체결된 정전협정의 목적은 “쌍방에 막대한 고통과 유혈을 초래한 충돌을 일단 정지시키고 최후의 평화가 달성될 때까지 한반도에서의 적대행위와 일체의 무장행동을 완전히 정지하기 위함” 이라고 되어 있다.

그러나 한반도는 아직도 최후의 평화가 달성되지 않았다. 유럽에서는 1989년 베를린 장벽이 무너지고 구소련이 해체되어 냉전이 종식되었으나 우리는 여전히 냉전체제 속에 머물러 있다. 탈냉전 이후 25년간 한반도에서는 휴전성격의 정전체제를 변화시키고 평화를 정착시키려는 여러 가지 노력이 있었지만 큰 성과를 이루지 못했다. 남한과 북한은 여전히 갈등과 충돌이 지속되고 있고 평화체제를 향해 진전되기보다는 북핵문제 등 오히려 더 복잡한 양상으로 변질된 채 후퇴하고 있다.

정전체제 62년, 이제는 불완전한 정전체제를 마감하고 평화체제를 구축해야 한다. 그러나 한반도 평화회복의 과정은 가시밭길이다. 평화협정을 논의하는 과정에서 필연적으로 제기될 화해협력, 신뢰구축, 군비통제, 평화협정, 국제적 보장 등 여러 가지 복잡한 문제가 발생할 수 있기에 그렇다.

이를 극복하기 위해서는 가장 먼저 남한과 북한의 지속적인 대화가 선행되어야 하고 진정성 있는 소통과 협력이 무엇보다 중요하다. 지금 남한과 북한은 그 기본이 되는 대화 자체가 막혀 있고 불신의 벽이 너무 높다. 우리의 대화제의에 북한은 각종 전제조건을 내세우며 대화를 외면하고 있다. 한반도를 둘러싸고 있는 주변정세는 급박한데 핵을 붙들고 체제유지에만 매달리고 있으니 참으로 딱한 일이다.

지금 동북아는 미 · 중을 중심으로 강대국 관계가 신냉전시대로 표현될 만큼 심각한 대립적 양상을 보이고 있다. 미국은 '아시아재균형'을 주장하며 국력의 우선순위를 아시아 태평양으로 옮기고 있다. 미군 기관지 성조지에 따르면 지난 4년간 태평양사령부에 90억 달러(약 10조 400억원)를 제공하고 병력을 24만4천 명에서 26만6천 명으로 늘렸으며 태평양함대 보유 항공기를 214대 증가하는 등 이 지역의 전략적 비중을 크게 증대시키고 있다.

중국은 미국이 전략적 비중을 아시아 태평양으로 전환한 것은 이 지역의 경제적 중요성만이 아니고 장차 중국의 영향력 증대가 미국의 국익과 주도권을 위협하지 않을까 하는 우려 때문으로 보고 있다. 일부에서는 미국과 중국이 아직은 협력적 관계를 유지하고 있지만 언제까지 평화적으로 공존할 수 있을까를 우려하며 의구심을 가지고 있는 것도 사실이다. 미 · 일동맹의 대중 압박이 노골화되면서 중 · 러 협력체제가 고착화 되어가는 것과 무관치 않아 보인다.

한반도를 사이에 두고 새로운 냉전질서가 강화되어 가는 현실에서 우리가 취할 선택과 역할은 매우 중요하다. 우리가 하기에 따라서 정전체제의 고착화냐, 평화체제의 구축이냐의 명암이 결정될 수 있기 때문이다. 과거 역사를 되돌아보면 동북아에서 해양세력과 대륙세력이 대립하게 되면 그 싸움터는 한반도였고 그 피해는 고스란히 우리의 몫이었다.

우리는 이러한 현실을 직시하고 현명한 대처와 위기극복을 위해서 힘을 모아야 한다. 소극적 방어보다는 국익을 앞세워 적극적으로 대응하는 외교적 지혜가 필요하다. 지금 우리에게 시급한 것은 통일 외교안보의 미래 지향적 방향 설정이다.

그동안 굳건히 다져 온 한미동맹을 유지하고 한중관계의 조화로운 발전, 일본 러시아 등 주변국들과의 관계개선에 적극 나서야 한다. 무엇보다도 북한을 설득해 한반도의 통일여건을 만들어 나가야 하는 어려운 과제를 안고 있다. 시시각각 변하는 새로운 상황을 주시하고 다가올 미래를 예측하며 그에 따른 대비책을 강구해 나가야 한다. 다른 정책들에 앞서 통일 외교 안보정책의 중요성에 더 방점이 가는 이유다.

이를 실천하기 위한 방안으로 박근혜 정부가 주창한 통일 외교정책인 '한반도 신뢰 프로세스'와 '동북아 평화 협력구상' '유라시아 이니셔티브' 실현에 더욱 집중하고 박차를 가할 것을 주문한다. 어느 것 하나 쉽지 않은 일이지만 길이 험하다고 결코 포기해서는 안 된다. 한반도문제는 여기에 해답이 있고 평화체제 구축을 위해서는 반드시 해내야 할 일이기 때문이다. 우리의 국력에 버금가는 능동적이고 역동적인 외교정책을 펼쳐 나가야 한다.

남북이 제대로 된 대화 한 번 못한 채 광복 70주년을 보낼 수는 없다. 남한은 북한을 움직일 수 있는 통큰 결단으로 북한을 대화의 장으로 끌어내는 노력을 멈추지 말아야 하며 북의 수뇌부는 남북화해와 통일을 염원하는 민족적 기대를 저버려서는 안 된다. 일본의 우경화를 막고 동북아평화와 역사의 화해를 위한 한중일 정상회담의 필요성도 제기된다.

또한 최근 중국이 주도하고 있는 아시아 인프라 개선을 위한 AIIB의 주요 참가국이 된 만큼 이를 발판으로 유라시아 대륙으로 진출하는 디딤돌로 삼아야 한다. 혁신적인 과감한 정책전환으로 급변하는 동아시아의 전략적 환경을 최대한 활용해 60여 년을 끌어온 한반도의 정전체제를 끝내고 평화체제를 여는 전화위복의 계기로 삼아야 할 것이다.

# 저출산 · 고령화, 우리 모두의 숙제

(2016. 10. 11.)

2016년 현재 우리나라의 65세 이상 인구는 전체 인구의 13.4%를 차지한다. 2060년에는 40%대에 이를 것으로 추정하고 있다. 2026년 한국의 노령인구는 1100만 명에 이를 것이라는 통계청 발표가 있었다. 이는 생활환경의 변화와 의료기술의 발달로 인해 노년층이 급격히 증가하고 있기 때문이다.

반대로 출산율은 점점 줄어들고 있어 한국은 세계에서 가장 빠른 저출산 · 고령화가 진행되고 있는 나라다. 이는 지금 당장 우리가 시급히 해결해야 할 중요한 문제다.

전체 인구에서 고령 인구가 차지하는 비중이 늘어나면 사회적 비용이 커지고 생산가능 인구의 감소, 경제 활력의 침체 등 나라 발전에도 큰 걸림돌로 작용할 수 있게 된다. 또한 국민연금, 기초연금, 건강보험 수급자가 늘어나 사회복지 분야에 쓰일 재정부담이 큰 폭으로 증가해 막대한 국민부담을 안게 된다.

그뿐만이 아니다. 국가 재정이 불균형을 초래하게 되고 노인의 소외와 차별, 학대 및 방임 등의 사회문제 또한 증가하게 될 것이다. 최근 대두되고 있는 노인의 자산관리나 인권문제 역시 마찬가지다. 우리나라의 노인 빈곤율은 경제협력개발기구 평균 12.8%보다 월등히 높은 47.2%로 세계 1위다. 노인 자살률 또한 마찬가지다. 급속한 경제성장과 함께 인구의 고령화가 세계에서 가장 빠른 속도로 진행됐기 때문에 나타난 현상이다.

이 문제를 해결하기 위한 가장 기본적 처방은 당연히 출산율을 늘리는 것이다. 그리고 재정건전성을 유지하면서 사회보험 관리를 강화해 나가는 것이다. 저출산 · 고령화는 한 번 추세가 형성되면 되돌려 놓기가 매우 힘들어지기 때문이다.

그래서 전문가들은 하나같이 출산율을 높이기 위한 적극적인 대책이 필요하다고 강변하고 있다.

그러나 가장 핵심인 저출산 문제가 생각처럼 쉽게 해결될 기미가 보이지 않는다. 출산율의 선행지표라고 할 수 있는 혼인율도 사상 최저치를 기록하고 있다.

정부는 이 문제를 해결하기 위해 제3차 저출산 · 고령사회기본계획(2016~2020)을 수립하는 등 노력을 강화하고 있지만 출산율 하락추세는 오히려 더 증가하고 있다. 최근 정부 발표를 보면 올 출생아수는 43만 명을 밑돌 것으로 보여 2005년에 기록한 역대 최저치인 43만5천 명보다 더 떨어질 전망이다. 이제 초저출산율을 걱정해야 할 형편이 된 것이다.

저출산 문제가 이제 더 이상 미룰 수 없는 우리의 미래와 국가의 존망이 걸린 문제라는 인식의 전환을 필요로 한다.

필자는 다음 몇 가지를 제안한다.

첫째, 정부는 모든 세대가 자신의 능력을 마음껏 발휘할 수 있는 사회적 여건을 조성해야 한다. 특히 젊은이들이 일과 육아를 양립할 수 있는 여건을 조성하고 버거운 교육비 부담을 덜어주는 것이 급선무다. 과거 이 같은 문제로 이미 홍역을 치르고 저출산을 극복한 나라들의 공통점은 육아와 교육에 소요되는 비용을 개인과 가정의 부담으로 남겨두지 않았다는 것이다.

우리도 그에 따른 정책개발에 심혈을 기울여 과감한 육아정책과 교육정책의 개선이 필요하다. 요즘 화제가 되고 있는 청년수당 같은 일시적인 미봉책으로는 혼인율과 출산율을 높일 수 없다. 근원적 해결책을 찾아야 한다.

둘째, 세대간 갈등을 해소하고 노소간의 대화와 소통을 강화해야 한다. 생활의 도시화, 핵가족화, 의식의 변화와 가치관의 차이, 불황과 청년실업 등으로 인한 불신과 갈등이 심해 사회적 자본의 합리적 배분과 노소간 공감대 형성을 어렵게 하고 있다.

이는 어른들의 역할이 필수적이다. 어른이 먼저 모범을 보여야 한다. 차분한 판단력과 풍부한 경험을 바탕으로 난제를 해결하는 지혜를 발휘하여 젊은이들을 포용함으로써 세대간 갈등을 극복하는 것도 출산율을 높이는 방법이다.

셋째, 노인에 대한 편견을 바꾸어야 한다. 노인은 스스로의 가치를 만들어 가야 한다. 노인이 사회의 주역이라는 인식을 가져야 한다. 정부도 노인을 부양대상이나 사회적 부담으로만 생각지 말고 구성원으로 활용할 방법을 찾아야 한다. 일반적으로 노년층이 늘어나면 사회의 역동성이 줄어들고 에너지와 아이디어가 고갈된다고 생각하지만 사실이 아니다.

노소간의 교류가 활발한 기업의 성공률이 다양한 연령층 교류가 없는 기업보다 월등하다는 연구결과가 이를 뒷받침한다. 이제 더 이상 머뭇거릴 시간이 없다. 저출산 · 고령화 문제 해결에 전 국민이 나서야 할 때다.

# 트럼프시대 개막과 한미관계의 재정립

(2016. 12. 05.)

미국의 45대 대통령 선거에서 트럼프가 승리한 후 아무도 예상하지 못한 의외의 결과에 세계는 충격으로 요동치고 대책 마련에 분주하다. 이는 선거전을 치르면서 보여준 트럼프의 언행과 공약들이 이미 큰 폭의 변화를 예고하며 세계의 이목을 집중시킨 바 있고 일관성 없이 좌충우돌 오락가락했던 불확실성에 대한 불신 때문이다.

이는 대선 이후 트럼프의 행보에서도 여실히 나타나고 있다. 국제사회에서 차지하고 있는 미국의 비중으로 볼 때 국제정치와 세계경제는 트럼프 정부의 정책방향에 따라 변화가 불가피할 전망이다.

특히 외교 · 안보와 경제면에서 밀접한 관계를 맺고 있는 우리로서는 최대의 관심사가 아닐 수 없다. 자국 우선주의를 부르짖는 트럼프의 미국은 앞으로 어떻게 변할 것이며 대외정책은 어떤 방향으로 흐를 것인지 한미관계의 새로운 정립과 다양한 정책수립이 필요하다.

첫째가 국가안보전략이다. 트럼프의 대북정책의 방향은 불투명하다. 북한에 대해서 백지상태나 다름없는 트럼프의 대북정책 설계에 주목할 필요가 있다. 당장 한미동맹을 비롯한 한반도정책의 급격한 변화는 없을 것으로 예상되지만 돌발변수는 많다.

북핵문제, 방위비 분담금문제, 전작권문제 등은 어떤 형태로든 대두될 것으로 보인다. 초미의 관심사는 역시 북핵문제다. 트럼프 정부의 북핵을 대하는 강온(强溫)정책의 방향에 따라 한반도의 정세는 많은 영향을 미치게 될 것이다. 미국은 여전히 한미동맹은 핵심동맹이며 북핵도 한반도문제가 아닌 자신들의 문제라고 말하고 있지만 그 진정성이나 해법은 아직 미지수다. 다만 북핵문제를 과거와 같은 방법에서 탈피해 새로운 형태의 접근이 필요하다는 점은 분명히 인식하고 있는 것 같다.

이를 위해 초반에는 강력한 제재부터 대화제의까지 다양한 방법을 시도할 것으로 보인다. 그리고 이미 그 같은 조짐은 나타나고 있다. 북한의 외교라인과 미국의 전직 관료 등이 스위스 제네바에서 비공식 접촉을 가졌다. 정부와는 무관하다며 정치적 확대해석을 경계하고는 있지만 트럼프 정부의 개막을 앞두고 있는 시점에서 일상적인 만남으로만 치부할 일은 아니다.

북한이 예전과 달리 트럼프 당선자에 대해 논평 없이 침묵을 지키고 있는 것도 예사롭지 않다. 북미가 탐색전에 이어 비핵화가 아닌 핵동결을 고리로 본격적인 접촉이 성사되면 북핵 해결을 위한 우리의 외교주권은 큰 타격을 받게 될 것이다. 유연하고 기동성 있는 적극 외교를 펼침으로써 모든 가능성에 대응할 다각적인 전략을 구축해야 한다.

미국의 동아시아 정책에서 한국의 중요성과 북한 핵과 미사일 문제의 심각성, 그리고 한반도의 비핵화와 함께 세계 모든 핵을 폐기해야 한다는 공세적 외교력도 필요하다. 당장 내년부터 협상이 시작될 방위비 분담금 문제도 발등에 떨어진 불이다. 트럼프는 대선기간 내내 줄곧 동맹국의 미군 주둔에 대해 우리가 필요해서가 아니라 동맹국이 필요해서라는 논리를 펴면서 한국의 안보 무임승차를 지적해 왔다.

따라서 미군 주둔비용뿐 아니라 내년에 성주 골프장에 설치될 사드(고고도미사일방어체계) 포대의 설치비용과 운영비 부담도 우리에게 떠넘길 공산이 크다. 여기에 대한 대비책도 시급히 마련되어야 할 것이다. 경제문제 또한 안보에 버금가는 중요한 변수다. 트럼프가 기업가 출신이고 대선에서 강력한 보호무역주의를 표방하며 경제 이슈를 들고 나와 당선된 만큼 대외문제보다 우선적으로 돈, 일자리 중심의 국내 문제에 치중할 것으로 예상된다.

경제정책의 변화의 폭이 생각보다 클 것이란 전망이다. 무역의 의존도가 높은 한국 경제는 심각한 위기에 직면할 수도 있다. 당장 환태평양경제동반자협정(TPP)에서 미국이 탈퇴함으로써 야기될 통상정책의 변화와 한미자유무역협정(FTA) 재협상을 비롯한 난제들이 줄줄이 기다리고 있다.

그렇다고 반드시 부정적 측면만 있는 것은 아니다. 모든 것이 불확실한 시대 우리가 어떻게 대응하고 활용하느냐에 따라서 새로운 가능성을 열어가는 기회로 삼을 수도 있을 것이다. 정부는 미국의 신정부가 들어서기 전에 정책의 우선순위를 정하고 최악의 상황에 대비해야 한다. 다양한 외교채널을 가동해 각국의 움직임을 면밀히 주시하고 맞춤형 대응책을 준비해야 한다.

특히 경제부처의 팀원들은 트럼프노믹스(트럼프의 경제정책)를 역이용할 새로운 전략을 개발하는 데 집중해야 할 것이다.

국가가 어려움에 처할수록 모든 공직자들의 책무는 막중해진다. 혼돈의 정국에서 사명감을 가지고 위기극복에 최선을 다하는 자세와 역할이 요구된다. 국내정치의 소용돌이에 휩싸여 골든타임을 놓쳐선 안 된다. 개막을 앞둔 트럼프시대, 한미관계의 재정립과 위기극복을 위한 한국외교의 능동적 자구책이 필요한 때다.

# 대선정국과 국가안보의 골든타임

(2017. 04. 24.)

대한민국은 지금 대통령선거와 안보위기로 소란스런 4월을 보내고 있다. 현직 대통령 파면으로 인해 조기대선을 치르게 된 후보들은 내가 대통령 적임자임을 내세우며 전국을 누비고 있다. 핵심 이슈가 탄핵에서 안보로 바뀌어 국민들도 누가 과연 국가안보의 적임자인가를 놓고 고심하고 있다. 이는 지금 한반도의 사정이 그만큼 불안하다는 반증이기도 하다. 또 한편에서는 선거과열로 인해 정작 중요한 국가안보의 골든타임을 놓칠 수 있다는 우려의 목소리까지 나오고 있다.

한반도를 둘러싸고 있는 주변정세는 매우 불안정하다. 북의 계속되는 도발에 미국 트럼프 정부는 북핵문제 해결을 위해 북한을 강하게 압박하면서 중국과는 역할분담을 요구하며 반목과 협력의 기(氣)싸움을 벌이고 있다. 트럼프는 또 시리아와 아프가니스탄에 맹폭을 가하고 '미국의 필수 안보 이익을 위한 조치' 였음을 분명히 했다.

"시리아보다 한반도가 더 위험하다", "더 이상 북한에 할 말이 없다", "모든 옵션이 테이블에 올라와 있다"는 트럼프의 북한에 대한 격앙된 표현에는 인내가 한계에 이르렀음을 말한다. 따라서 선제타격이나 대북 미사일 요격과 같은 강도 높은 카드를 사용할 가능성도 배제할 수 없다. 한반도의 평화를 원하는 우리가 방관만하고 있을 수 없는 이유다. 칼빈슨 핵추진 항공모함 전단을 비롯한 가공할 전략무기들을 한반도에 속속 집결시키는 것을 단순한 무력시위라고 오판해선 안 된다.

세계의 크고 작은 전쟁들은 언제나 예기치 못한 돌발사건 하나로 시작되었다. 양측의 대화는 단절되어 있는데 북한은 계속해서 미사일을 쏘아대며 핵실험도 전쟁도 불사하겠다는 태세고, 미국은 이제는 북의 도발을 결코 좌시하지 않겠다고 벼르고 있다. 전쟁의 검은 그림자가 한반도 주변을 어른거리고 있다.

북한이 더 이상 핵 · 미사일 도발을 멈추고 태도변화를 택한다면 다행이지만 그럴 가능성은 기대하기 어렵다. 한 · 미 정보 당국은 북한이 이미 6차 핵실험 준비를 끝냈다고 진단한 지 오래고 대륙간탄도미사일(ICBM) 발사 움직임도 포착됐다. 시기를 예단하기는 어렵지만 금명간 전략적 효과가 최대에 달하는 시점에 도발할 가능성이 매우 높다. 북한의 이 같은 무모하고 무책임한 행태는 과거와 달라진 것이 하나도 없다.

오직 핵과 미사일 능력을 고도화하기 위한 전략만 있을 뿐이다. 민족을 볼모로 한반도를 세계 최고의 위험지역으로 만드는 위험한 모험을 반복하고 있다. 그런데 이처럼 강대강으로 마주한 상황에서 긴장을 완화시킬 중재자는 보이지 않는다. 남북관계가 최악인 상황에서 동북아의 강자인 중국 일본 러시아 등도 안정 대신 혼돈의 국가주의에 편승해 오직 자국 중심의 패권적 이익만 추구하는 방향으로 움직이고 있다. 한 · 일, 한 · 중관계도 불확실성만을 증폭시키고 있다.

이처럼 모든 주변 환경이 불리하게 전개되고 있는데 정작 우리 정부의 역할은 미미하다. 국가안보에 대한 뚜렷한 대책이나 능동적 노력이 보이지 않는다. 과도기 관리내각이라거나 선거정국이라고 해서 한 치의 소홀함이 있어서는 안 된다. 대선후보들의 현시국에 대한 인식은 더욱 실망스럽다. 아무리 선거정국이라지만 너무 안일하다. 위기에 처한 국가안보에 대해서 함께 고민하고 해결책을 찾는 모습은 보이지 않고 연일 원론적 이념논쟁에만 몰두하고 있다. 설상가상으로 촛불과 태극기로 갈렸던 국론분열은 선거와 맞물려 아직도 진행중이다.

그뿐만이 아니다. 사드문제를 둘러싼 미 · 중의 각축과 중국의 강도 높은 경제보복 등 중대한 현안들은 이미 노출된 채 그대로 직격탄을 맞고 있다. 사드배치를 저지하려는 중국의 외교적 협박과 경제적 압박은 그 피해 규모를 짐작하기 어려울 정도로 최악의 상태다. 한국은 지금 정치, 경제, 안보의 불안요소가 한꺼번에 겹쳐서 나타나고 있다. 불필요한 위기조성이나 지나친 불안감은 경계해야 하지만 유비무환의 정신만은 반드시 필요하다.

정부는 더 늦기 전에 각종 현안에 대한 정밀한 점검과 대비책을 마련해야 한다. 미 · 중과의 외교의 폭을 넓히고 현시국에 대한 정확한 진단을 바탕으로 국민들의 안전과 불안 해소를 위해 최선을 다해야 한다. 국민들도 동맹국의 억지력과 방어력에만 의지하려는 생각을 버리고 분열 대신 통합의 정신으로 단결해야 한다. 위기와 맞서 우리 스스로 일어서지 않으면 아무도 우리를 도와주지 않는다는 사실도 알아야 한다.

미국은 중국이 우리에게 무차별적으로 가하고 있는 사드보복을 막아주지 못했고, 중국은 우리가 요구한 대북제재 협조나 안보자위권 주장에 호응하지 않았다. 일본도 한반도의 비상사태를 자국의 이익을 챙기는 기회로 삼으려는 태도를 보이고 있다. 잊지 말아야 한다. 불신과 반목으로 위기관리의 골든타임을 놓치고 나서 유린당했던 수많은 치욕의 순간들을 역사가 웅변으로 말해 주고 있다.

# 새 정부, 한반도 외교의 주체가 돼야

(2017. 06. 12.)

문재인 정부가 출범한 지 한 달이 지났다. 반년 가까운 공백을 딛고 한국외교도 모처럼 활기를 찾아가고 있다. 대통령 취임과 함께 주요국에 광범위 특사를 파견함으로써 무기력한 모습을 보이던 국제외교무대에서 주권국가로서의 체면을 세웠고 한 · 미정상회담을 비롯해 중국, 일본, 러시아, EU 등 세계 주요국과의 회담을 이끌어냄으로써 정부의 위상도 제자리를 찾았다.

대통령의 지지율도 90%에 육박하는 역대 최고를 기록하고 있다. 불과 얼마 전까지 북한의 연이은 미사일 도발로 인해 급박하게 돌아가던 한반도 안보위기와 이에 편승한 강대국들의 금도를 벗어난 횡포에도 속수무책이었던 점과 비교하면 엄청난 변화를 보여주고 있다.

그러나 문재인 정부가 갈 길은 멀고 험하다. 한반도를 둘러싼 동아시아정세가 여전히 복잡하게 얽혀 있고 북한의 핵 · 미사일로 인한 한반도 정세의 불확실성은 엄존하고 있다. 또 배타적 민족주의를 앞세워 자국의 이익만을 추구하는 강대국들과의 힘겨운 외교전쟁은 이제 시작에 불과하다. 오랫동안 막혔던 남북의 물꼬를 트고 교류협력의 장을 열려는 정부의 의지는 매우 고무적인 일이나 지나친 서두름은 오히려 독이 될 수 있음도 간과해서는 안 된다.

새 정부의 외교안보 라인도 제대로 구축되지 않았고 남북교류 협력에 대한 북한의 구체적 반응도 나오지 않은 상태다. 북한은 '로동신문' 등을 통해 대화의 필요성을 역설하면서도 도발은 멈추지 않는다. 5월 14일 화성 12호, 21일에는 북극성 2형을 발사했고 이는 실전배치까지 지시한 것으로 알려졌다. 29일, 원산에서 발사한 스커드 계열로 추정되는 미사일은 북한이 '적 함선' 을 정밀 타격할 수 있는 능력을 갖추었다고 주장하고 나섰다. 새 정부가 남북문제는 대화를 통해 풀어보겠다는 교류의지를 밝혔음에도 북한은 미사일로 응답하고 있다.

최근 미국 트럼프 정부도 '압박과 관여' 정책으로 전환하여 체제보장 약속과 대화의 빗장을 풀었지만 그마저도 외면해 버렸다. 북한은 이처럼 국제사회의 경고도 무시하고 호의도 외면한 채 벼랑끝 전술로 일관하며 이율배반적 태도를 보이고 있다.

그것은 여러 가지 전략적 측면도 있겠지만 이미 완성단계에 와있는 핵과 미사일은 결코 버릴 수 없다는 선언이라고 보아야 한다. 이 같은 북한의 태도는 민족의 앞날을 생각할 때 매우 안타까운 일이다. 세계 유일의 분단국으로서 통일을 향해 나아가려는 민족의 열망을 배반하는 것이다.

새 정부가 북을 설득해 도발을 멈추게 하고 남북관계의 영역을 넓혀

대화의 장으로 견인하는 데는 적지 않은 난관이 예상된다. 과거 한 · 미 정권들도 북한을 변화시키기 위해 유화정책과 압박정책, 무시정책 등을 모두 써보았지만 북한 비핵화에 실패했다. 최근에는 중국을 이용해 북을 변화시키려던 노력도 무위로 끝났고, 이젠 북한이 중국의 말도 무시하는 지경에까지 이르렀다. 북한은 조만간 미국이 레드라인으로 설정하고 있는 6차 핵실험과 ICBM(대륙간탄도미사일) 발사라는 도박을 감행할 수도 있어 긴장을 늦출 수 없다. 새 정부의 신중한 접근이 필요한 이유다.

국외 사정도 만만치 않다. 당장 6월말 한 · 미 정상회담에서 핵심의제가 될 한미동맹의 강화와 사드문제, FTA와 방위분담금문제, 대북제재 강화에 대한 국제공조문제 등 현안들이 테이블에 올려질 것이다. 또 일본과의 위안부 재협상문제, 미 · 중과의 사드배치를 둘러싼 신경전 속에서 양측이 만족할 수 있는 균형외교의 묘수 찾기 등 난제들이 줄줄이 기다리고 있다.

새 정부는 이런 때일수록 서두르지 말아야 한다. 급히 먹는 밥이 체한다는 속담처럼 단기성과를 내는 데 급급하지 말고 큰 틀의 원칙을 지키는 것이 중요하다. 남북문제도 국제문제도 근간이 흔들리면 해결의 실마리를 찾을 수 없기에 그렇다. 외교란 때로는 유연한 대처가 필요하지만 나라마다 결코 양보할 수 없는 마지노선이 있기 마련이다.

지금 우리에겐 어떠한 경우라도 정파적 이익이 아닌 국익에 충실할 것, 한반도 평화를 훼손시키지 말 것, 북핵을 비롯한 한반도 외교의 주체가 되어야 한다는 것이 정부와 국민들의 절실한 다짐이어야 한다. 지각변동으로 요동치고 있는 국제무대에서 '코리아 패싱' 같은 기막힌 말이 다시는 나오지 않도록 소극적 대응이 아니라 주도적 대응이 필요하다.

그동안 우리는 북한의 도발이나 강대국들의 협력과 갈등에 따라 우리의 목소리는 실종된 채 외교와 안보가 요동치는 모습을 많이 보아왔다. 지난 정부가 국민들에게 가장 큰 상처를 안겨준 것도 바로 그 때문이다. 이게 나라냐며 촛불을 들고 광장으로 나선 것도 그 때문이다. 새 정부는 이 점을 명심해야 한다.

내적으로는 정파를 위한 진영논리에 휘말리지 말고 최고의 안보는 엄격한 법질서 확립과 국민통합에 있음을 실천으로 보여주어야 한다. 외적으로는 국익과 한반도 통일의 자주성을 약화시키는 종속적 동맹의 틀에 갇히거나 경제적 압박에 굴하지 않는 담대한 원칙을 지키며 당당하게 나아가야 한다. 새 정부의 현명한 리더십을 기대한다.

# 한반도 평화협정 시작해야 한다

(2017. 07. 31.)

문재인 대통령은 독일 쾨르버재단 초청연설에서 '베를린구상'을 발표했다. 북핵문제를 포함한 한반도와 동북아정책에 대해 포괄적 내용을 담은 추진방향을 제시했다.

그런데 한 가지 주목할 것은 한반도 평화협정을 부각시킨 점이다. 한반도에 항구적 평화구조를 정착시키기 위해 종전과 함께 관련국이 참여하는 평화협정을 체결해야 한다고 선언했다.

또한 1953년 이래 60년 넘게 정전상태에 놓여 있는 정전체제를 평화체제로 전환시키기 위해서는 이 땅에 평화를 제도화해야 하고 남북합의의 법제화, 계승화의 기틀을 마련할 것을 분명히 했다. 그 동안 민감한 문제로 생각해 일부에서만 간간이 거론되어 왔던 평화협정 문제를 대통령이 직접 국제외교의 장에서 수면 위로 끌어 올렸다는 데 그 의미와 울림은 크다.

정전협정은 올해로 64주년이 되었다. 6.25 한국전쟁 발발 1년이 되는 1951년 6월 23일 소련 UN대사 말리크가 처음 제안하였다. 전선은 고착되고 전투는 어느 일방의 우세 아닌 끝없는 소모전의 늪에 빠져들자 소련과 미국이 정전회담을 공개 제안하고 북이 가담하면서 7월 10일에 판문점에서 시작되었다.

회담과 함께 더욱 치열해진 전투를 25개월 동안 끌다가 7월 27일, 북의 김일성, 중국의 팽덕회, 유엔군 총사령관 클라크가 정전협정문에 공동으로 서명함으로써 그 효력이 시작됐다.

정전협정은 6.25 전쟁의 정지와 평화적 해결이 이루어질 때까지 한반도에서의 적대 행위와 모든 무장 행동을 완전히 정지시키기 위해 체결되었다. 그러나 전투는 끝났으나 종전이 아닌 휴전상태로 64년이 흘렀고 정전협정 진행중에도 수많은 크고 작은 분쟁은 계속되어 왔다.

정전체제는 비정상적인 상황을 의미한다. 평화는 멀고 전쟁에 대한 위기는 지속되고 있다. 이제는 불안정한 정전체제를 하루빨리 종식시키고 평화체제로 전환해야 한다.

평화협정은 전쟁을 완전히 끝내기 위한 협정이다. 적대적인 상태를 일시적으로 정지하는 정전협정과 달리 전쟁의 종결과 평화의 회복을 목적으로 맺는 조약이다. 이제는 불안한 평화를 청산하고 영구적 평화를 위한 평화협정을 체결해야 한다.

물론 쉬운 문제는 아니다. 평화협정이 완성되기까지는 각종 암초도 많고 긴 시간이 필요하다. 평화협정에 대한 북한을 비롯한 주변국의 입장이 제각각이고 국내에서도 평화협정에 대해 비판적 목소리도 있다.

앞으로도 끊임없는 난관에 부딪칠 것이고 북한이나 강대국들을 조율하고 설득하는 데 어려움도 예상된다. 그러나 지금까지 한반도문제는 언제나 어려웠다. 이 땅에 살고 있는 우리마저 어렵다고 시작도 않고 포기해 버리면 100년이 돼도 정전체제는 지속될 뿐이다.

지금도 6.25 이후 최대의 위기라고 할 만큼 한반도를 둘러싼 주변상황은 최악이다. 당장 사드문제도 난항을 겪고 있고 북핵문제도 출구를 찾지 못하고 입구에서만 맴돌고 있다. 북한의 ICBM(대륙간탄도미사일) 도발에도 미·중의 갈등 속에 한·미·일과 북·중·러 3국의 신냉전구도가 재현되고 있다.

이처럼 양대 세력이 갈등상태에 있을 때면 한반도는 언제나 시험대에 올라 혹독한 시련을 겪어왔다. 이 같은 참담하고 답답한 현상이 언제 끝나게 될지 아무도 모른다. 앞으로도 계속될 것이고 더 악화될 수도 있다.

이제 우리 스스로 다양한 방법을 모색해 돌파구를 찾아야 한다. 평화협정은 그 중에서 우리가 선택할 수 있는 가장 유용한 방법이다. 북핵도 평화협정 문제와 결부시켜 해법의 실마리를 찾을 수 있고 6자회담 재개의 단초가 될 수도 있다. 종전의 북핵 6자회담이 아닌 북핵과 평화협정을 고리로 단계적 해법을 모색하는 6자회담으로 방향전환을 꾀할 수도 있다.

지난 한·미 정상회담에서 문재인 정부는 한반도 문제를 주도하겠다고 선언한 바 있다. 평화협정 문제를 더 이상 미루지 말고 공론화시켜야 한다. 한반도 평화를 위한 대장정의 시작이 될 것이다.

북한은 도발을 중단하고 남측이 제의한 대화를 조건 없이 수용하고 그 자리에서 한반도 문제를 논의해야 한다. 중국은 쌍궤병행(雙軌竝行)에서 한 걸음 더 나아가 한국이 평화협정의 당사자임을 인정해야 한다. 미국도 동맹의 중요성만 강조할 게 아니라 한반도평화의 근원적 해결을 위해 긍정적 자세로 적극 협력해야 한다.

한반도를 파국으로 이끌 것이 아니라면 상황에 따라 말을 바꾸거나 자국의 입장만 주장해서는 안 된다. 한반도 평화체제에 대한 큰 틀의 결단이 필요하다. 남북이 먼저 대화의 문을 열고 미·중이 진정으로 한반도 평화를 공유하겠다는 의지를 보일 때 북핵문제나 평화협정문제는 결코 어려운 문제가 아니다.

# 한반도 위기의 악순환 막으려면

(2017. 09. 11.)

북한이 또 다시 6차 핵실험을 단행함으로써 한반도의 위기가 지속되고 있다. 북한은 도발을 멈추지 않고 미국은 제재와 조건만 앞세우며 첨예하게 맞서고 있으니 해법이 나올 리 없다. 북핵문제 해결을 위해서는 대화 외엔 대안이 없다는 것을 알면서도 무기의 세(勢) 대결만 벌이고 있다.

이 와중에 우리 국민들은 김정은과 트럼프의 예측 불가능한 행보가 몰고 올 우려 때문에 불안이 증폭되고 있다. 한반도의 생존권을 담보로 전시상황을 연출하고 있는데 정부는 모처럼 운전대는 잡았지만 속수무책이다. 남북관계나 대중관계 모두 소통이 막혀 있고 미 · 일과도 북핵 해법에 대한 인식의 차이를 보이고 있다.

한국이 한반도문제를 제대로 주도하려면 먼저 미국에 대한 지나친 안보의존도와 중국에 대한 경제의존도에서 탈피해야 한다. 그러나 그것은 시간이 걸리는 일이다. 그렇다면 방법을 바꾸어야 한다. 위기의 악순환을 막을 특단의 조치가 필요하다. 한국전쟁 이후 최대의 위기를 맞고 있는 지금이 기회일 수 있다.

북은 기다린다고 도발을 멈출 생각이 없고 미 · 중도 사드처럼 자기들의 역내 패권문제를 한국에 떠넘기고 대국답지 못한 행태를 보이고 있다. 우리는 국민의 생명과 국가 존망이 달린 문제다. 스스로 돌파구를 찾는 것은 당연한 일이다.

첫째, 교차(交叉) 외교로 방향전환을 꾀해야 한다.

먼저 한 · 미 · 일 대 북 · 중 · 러라는 구조적 고정관념에서 벗어날 필요가 있다. 우리의 주권과 한반도 평화라는 명분이면 충분하다. 한 · 러 북 · 미 중 · 일 또 다른 나라들이 활발한 교차(交叉) 외교가 전개될 수 있도록 외교력을 총동원해야 한다. 그래야만 한반도 위기 악순환의 고리를 끊을 수 있다.

현 구도 속에서는 북을 포함한 미 · 중의 변화를 유도할 수도 없고 무기력하게 끌려 다닐 수밖에 없다. 대북제재는 이미 힘을 잃었고 북은 중국의 비호 아래 핵을 더 힘껏 움켜쥐게 되었다. 북의 핵 · 미사일놀이를 차단하고 대화의 장으로 나오게 하려면 지금까지와는 전혀 다른 판을 만들어야 한다. 교차(交叉) 외교로 지각변동을 일으켜야 한다.

우선 신북방정책의 일환으로 러시아를 주목할 필요가 있다. 미 · 중의 그늘에 가려 절치부심하고 있는 러시아를 적극 활용함으로써 러시아의 지지와 역할을 끌어내야 한다. 이번 한 · 러 정상회담을 기점으로 삼아야 한다. "한반도에서 또 다시 전쟁은 안 된다"는 대통령의 8.15경축사를 재천명하고 전쟁보다는 평화, 대립보다는 대화의 필요성을 주지시켜 러시아를 교차외교의 선두에 서게 해야 한다. 북핵문제에 러시아를 비롯한 다른 나라의 영향력이 커질수록 북한과 미·중의 입지는 상대적으로 작아질 것이다.

둘째, 교차외교가 실패할 경우 핵무장을 선언해야 한다.

물론 북핵문제를 푸는 가장 좋은 방법은 대화다. 북한이 한국 정부가 요구한 대화의 장으로 나오는 것이다. 그러나 그것은 한국의 주도권이 확보되지 않는 한 기대하기 어렵다. 그렇다면 한미동맹의 축인 미국이 북핵문제 해결을 위한 대안을 제시해야 한다. 그런데 트럼프의 외교안보정책은 불안하다. 냉온탕을 넘나들며 흔들리고 있다. 일각에서는 비핵보다는 동결과 비확산에 초점을 맞추고 있고 키신저의 발언 이후 주한미군 철수이야기까지 나오고 있다.

그렇다고 중국을 기대하는 것 또한 연목구어(緣木求魚)다. 수교 25주년이 무색하게 한국의 사드불가피성을 외면하고 보복에 나서고 있다. 이는 중국이 북핵문제 해결에는 관심이 없고 분단관리에만 집착한다는 증거다. 우리가 한반도 비핵화만 주장하며 시간을 끌다가 북한이 핵보유국이 되어 남한을 흡수 통일하겠다고 압박한다면, 또 미국의 핵우산만 바라보고 있다가 미·중이 한반도 안보구도를 일방적으로 바꾸려 든다면 그때는 어찌하겠는가.

한반도는 지금까지 강대국정치의 소용돌이에 따라 운명이 결정되었다. 문제는 우리의 의사와 관계없이 한반도에서 무력충돌이 현실로 다가올 수 있다는 점이다. 소위 '강대국결정론'이다. 이를 '한국결정론'으로 바꾸기 위해서는 핵무장으로 자강력(自强力)을 키우는 방법밖에 없다.

북한이 세계를 상대로 목소리를 높이는 것은 핵을 가졌기 때문이다. 미국이나 중국이 북한의 핵포기를 위해 움직이게 하려면 한국의 핵무장뿐이다. 우리는 지금 국제적 비난이나 규제, 일본과 대만의 핵무장까지 생각할 겨를이 없다. 그만큼 절박한 상황에 처했다. 더 늦기 전에 특단의 조치가 필요하다.

# 부록

7.4 남북공동성명(전문)

남북기본합의서

6.15 남북공동선언문(전문)

4차 6자회담 공동성명(9.19 공동성명)

[남북해외합의자료] [6자회담합의]
9.19공동성명 이행을 위한 초기조치(전문): 2.13합의

대북 지원부담의 분담에 관한 합의 의사록

[남북해외합의자료] [6차 6자회담 2단계회의]
9.19공동성명 이행을 위한 제2단계 조치에 대한 합의문

남북관계 발전과 평화번영을 위한 선언(10.4 선언)

# 7.4 남북공동성명(전문)

최근 평양과 서울에서 남북관계를 개선하며 갈라진 조국을 통일하는 문제를 협의하기 위한 회담이 있었다.

서울의 이후락 중앙정보부장이 1972년 5월 2일부터 5월 5일까지 평양을 방문하여 평양의 김영주 조직지도부장과 회담을 진행하였으며, 김영주 부장을 대신한 박성철 제2부수상이 1972년 5월 29일부터 6월 1일까지 서울을 방문하여 이후락 부장과 회담을 진행하였다.

이 회담들에서 쌍방은 조국의 평화적 통일을 하루빨리 가져와야 한다는 공통된 염원을 안고 허심탄회하게 의견을 교환하였으며 서로의 이해를 증진시키는 데서 큰 성과를 거두었다.

이 과정에서 쌍방은 오랫동안 서로 만나보지 못한 결과로 생긴 남북 사이의 오해와 불신을 풀고 긴장의 고조를 완화시키며 나아가서 조국통일을 촉진시키기 위하여 다음과 같은 문제들에 완전한 견해의 일치를 보았다.

1. 쌍방은 다음과 같은 조국통일원칙들에 합의를 보았다.

첫째, 통일은 외세에 의존하거나 외세의 간섭을 받음이 없이 자주적으로 해결하여야 한다.

둘째, 통일은 서로 상대방을 반대하는 무력행사에 의거하지 않고 평화적 방법으로 실현하여야 한다.

셋째, 사상과 이념 · 제도의 차이를 초월하여 우선 하나의 민족으로서 민족적 대단결을 도모하여야 한다.

2. 쌍방은 남북 사이의 긴장상태를 완화하고 신뢰의 분위기를 조성하기 위하여 서로 상대방을 중상 비방하지 않으며 크고 작은 것을 막론하고 무장도발을 하지 않으며 불의의 군사적 충돌사건을 방지하기 위한 적극적인 조치를 취하기로 합의하였다.

3. 쌍방은 끊어졌던 민족적 연계를 회복하며 서로의 이해를 증진시키고 자주적 평화통일을 촉진시키기 위하여 남북 사이에 다방면적인 제반 교류를 실시하기로 합의하였다.

4. 쌍방은 지금 온 민족의 거대한 기대 속에 진행되고 있는 남북적십자회담이 하루빨리 성사되도록 적극 협조하는 데 합의하였다.

5. 쌍방은 돌발적 군사사고를 방지하고 남북 사이에 제기되는 문제들을 직접, 신속 정확히 처리하기 위하여 서울과 평양 사이에 상설 직통전화를 놓기로 합의하였다.

6. 쌍방은 이러한 합의사항을 추진시킴과 함께 남북 사이의 제반문제를 개선 해결하며 또 합의된 조국통일원칙에 기초하여 나라의 통일

문제를 해결할 목적으로 이후락 부장과 김영주 부장을 공동위원장으로 하는 남북조절위원회를 구성 · 운영하기로 합의하였다.

7. 쌍방은 이상의 합의사항이 조국통일을 일일천추로 갈망하는 온 겨레의 한결같은 염원에 부합된다고 확신하면서 이 합의사항을 성실히 이행할 것을 온 민족 앞에 엄숙히 약속한다.

서로 상부의 뜻을 받들어

1972년 7월 4일

이후락 · 김영주

# 남북기본합의서

남과 북은 분단된 조국의 평화적 통일을 염원하는 온 겨레의 뜻에 따라 7.4 남북공동성명에서 천명된 조국통일 3대원칙을 재확인하고, 정치군사적 대결상태를 해소하여 민족적 화해를 이룩하고, 무력에 의한 침략과 충돌을 막고 긴장완화와 평화를 보장하며, 다각적인 교류 · 협력을 실현하여 민족공동의 이익과 번영을 도모하며, 쌍방 사이의 관계가 나라와 나라 사이의 관계가 아닌 통일을 지향하는 과정에서 잠정적으로 형성되는 특수관계라는 것을 인정하고 평화통일을 성취하기 위한 공동의 노력을 경주할 것을 다짐하면서 다음과 같이 합의하였다.

## 제1장 남북화해

**제1조** 남과 북은 서로 상대방의 체제를 인정하고 존중한다.

**제2조** 남과 북은 상대방의 내부문제에 간섭하지 아니한다.

**제3조** 남과 북은 상대방에 대한 비방·중상을 하지 아니한다.

**제4조** 남과 북은 상대방을 파괴·전복하려는 일체행위를 하지 아니한다.

**제5조** 남과 북은 현 정전상태를 남북 사이의 공고한 평화상태로 전환시키기 위하여 공동으로 노력하며 이러한 평화상태가 이룩될 때까지 현 군사정전협정을 준수한다.

**제6조** 남과 북은 국제무대에서 대결과 경쟁을 중지하고 서로 협력하며 민족의 존엄과 이익을 위하여 공동으로 노력한다.

**제7조** 남과 북은 서로의 긴밀한 연락과 협의를 위하여 이 합의서 발효 후 3개월 안에 판문점에 남북연락사무소를 설치·운영한다.

**제8조** 남과 북은 이 합의서 발효 후 1개월 안에 본회담 테두리 안에서 남북 정치분과위원회를 구성하여 남북화해에 관한 합의의 이행과 준수를 위한 구체적 대책을 합의한다.

## 제2장 남북불가침

**제9조** 남과 북은 상대방에 대하여 무력을 사용하지 않으며 상대방을 무력으로 침략하지 아니한다.

**제10조** 남과 북은 의견대립과 분쟁문제들을 대화와 협상을 통하여 평화적으로 해결한다.

**제11조** 남과 북의 불가침 경계선과 구역은 1953년 7월 27일자 군사정전에 관한 협정에 규정된 군사분계선과 지금까지 쌍방이 관할하여 온 구역으로 한다.

**제12조** 남과 북은 불가침의 이행과 보장을 위하여 이 합의서 발효 후 3개월 안에 남북 군사공동위원회를 구성 · 운영한다. 남북군사공동위원회에서는 대규모 부대이동과 군사연습의 통보 및 통제문제, 비무장지대의 평화적 이용문제, 군인사 교류 및 정보교환 문제, 대량살상무기와 공격능력의 제거를 비롯한 단계적 군축 실현문제, 검증문제 등 군사적 신뢰 조성과 군축을 실현하기 위한 문제를 협의 · 추진한다.

**제13조** 남과 북은 우발적인 무력충돌과 그 확대를 방지하기 위하여 쌍방 군사당국자 사이에 직통전화를 설치 · 운영한다.

**제14조** 남과 북은 이 합의서 발효 후 1개월 안에 본회담 테두리 안에서 남북 군사분과위원회를 구성하여 불가침에 관한 합의의 이행과 준수 및 군사적 대결상태를 해소하기 위한 구체적 대책을 협의한다.

## 제3장 남북교류 · 협력

**제15조** 남과 북은 민족경제의 통일적이며 균형적인 발전과 민족전체

의 복리 향상을 도모하기 위하여 자원의 공동개발, 민족내부교류로서의 물자교류, 합작투자 등 경제교류와 협력을 실시한다.

**제16조** 남과 북은 과학 · 기술, 교육, 문학 · 예술, 보건, 체육, 환경과 신문, 라디오 · 텔레비전 및 출판물을 비롯한 출판 · 보도 등 여러 분야에서 교류와 협력을 실시한다.

**제17조** 남과 북은 민족구성원들의 자유로운 왕래와 접촉을 실현한다.

**제18조** 남과 북은 흩어진 가족 · 친척들의 자유로운 서신거래와 왕래와 상봉 및 방문을 실시하고 자유의사에 의한 재결합을 실현하며, 기타 인도적으로 해결할 문제에 대한 대책을 강구한다.

**제19조** 남과 북은 끊어진 철도와 도로를 연결하고 해로, 항로를 개설한다.

**제20조** 남과 북은 우편과 전기통신교류에 필요한 시설을 설치 · 연결하며, 우편 · 전기통신 교류의 비밀을 보장한다.

**제21조** 남과 북은 국제무대에서 경제와 문화 등 여러 분야에서 서로 협력하며 대외에 공동으로 진출한다.

**제22조** 남과 북은 경제와 문화 등 각 분야의 교류와 협력을 실현하기 위한 합의의 이행을 위하여 이 합의서 발효 후 3개월 안에 남북경제교류 · 협력공동위원회를 비롯한 부문별 공동위원회들을 구성 · 운영한다.

**제23조** 남과 북은 이 합의서 발효 후 1개월 안에 본회담 테두리 안에서 남북교류 · 협력분과위원회를 구성하여 남북교류 · 협력에 관한 합의의 이행과 준수를 위한 구체적 대책을 협의한다.

## 제4장 수정 및 발효

**제24조** 이 합의서는 쌍방의 합의에 의하여 수정 보충할 수 있다.

**제25조** 이 합의서는 남과 북이 각기 발효에 필요한 절차를 거쳐 그 문본을 서로 교환한 날부터 효력을 발생한다.

1991년 12월 13일

남북고위급회담 남측대표단 수석대표 대한민국 국무총리 정 원 식

북남고위급회담 북측대표단 단장 조선민주주의인민공화국 정무원총리 연 형 묵

# 6.15 남북공동선언문(전문)

조국의 평화적 통일을 염원하는 온 겨레의 숭고한 뜻에 따라 대한민국 김대중 대통령과 조선민주주의인민공화국 김정일 국방위원장은 2000년 6월 13일부터 15일까지 평양에서 역사적인 상봉을 하였으며 정상회담을 가졌다.

남북 정상들은 분단 역사상 처음으로 열린 이번 상봉과 회담이 서로 이해를 증진시키고 남북 관계를 발전시키며 평화통일을 실현하는 데 중대한 의의를 가진다고 평가하고 다음과 같이 선언한다.

1. 남과 북은 나라의 통일문제를 그 주인인 우리 민족끼리 서로 힘을 합쳐 자주적으로 해결해 나가기로 하였다.
2. 남과 북은 나라의 통일을 위한 남측의 연합 제안과 북측의 낮은 단계의 연방제안이 서로 공통성이 있다고 인정하고 앞으로 이 방향에

서 통일을 지향시켜 나가기로 하였다.

3. 남과 북은 올해 8.15에 즈음하여 흩어진 가족, 친척 방문단을 교환하며 비전향 장기수 문제를 해결하는 등 인도적 문제를 조속히 풀어 나가기로 하였다.

4. 남과 북은 경제협력을 통하여 민족경제를 균형적으로 발전시키고 사회, 문화, 체육, 보건, 환경 등 제반 분야의 협력과 교류를 활성화하여 서로의 신뢰를 다져 나가기로 하였다.

5. 남과 북은 이상과 같은 합의사항을 조속히 실천에 옮기기 위하여 빠른 시일 안에 당국 사이의 대화를 개최하기로 하였다.

김대중 대통령은 김정일 국방위원장이 서울을 방문하도록 정중히 초청하였으며 김정일 국방위원장은 앞으로 적절한 시기에 서울을 방문하기로 하였다.

2000년 6월 15일

대한민국 대통령 **김 대 중**

조선민주주의인민공화국 국방위원장 **김 정 일**

# 4차 6자회담 공동성명(9.19 공동성명)

중화인민공화국, 조선민주주의인민공화국, 일본국, 대한민국, 로씨야련방, 미합중국이 참가하는 제4차 6자회담이 2005년 7월 26일부터 8월 7일까지 그리고 9월 13일부터 19일까지 중국의 베이징에서 진행되었다.

중화인민공화국 외교부 부부장 무대위, 조선민주주의인민공화국 외무성 부상 김계관, 일본국 외무성 아시아오세안주국장 사사에 겡이찌로, 대한민국 외교통상부 차관보 송민순, 로씨야련방 외무성 부상 알렉싼드르 알렉쎄예브, 미합중국 국무성 동아시아 및 태평양문제담당 차관보 크리스토퍼 힐이 각측 단장들로 회담에 참가하였다.

무대위부부장이 회의를 사회하였다.

조선반도와 나아가서 동북아시아의 평화와 안정을 이룩하기 위하여 6자는 지난 3차례의 회담들을 통하여 달성된 공동인식에 기초하여 호

상존중과 평등의 정신에서 조선반도비핵화에 관한 진지하고 실무적인 토의를 진행하고 다음과 같은 원칙들에 합의하였다.

1. 6자는 검증 가능한 방법으로 조선반도 비핵화를 평화적으로 실현하는 것이 6자회담의 목표라는 것을 일치하게 재확인하였다.
   조선민주주의인민공화국은 모든 핵무기와 현존핵계획들을 포기하며 멀지 않은 시기에 핵무기전파방지조약에 복귀하고 국제원자력기구와의 담보협정을 리행할 것을 공약하였다.
   미합중국은 조선반도에 자기의 핵무기가 없으며 핵 또는 상용무기로 조선민주주의인민공화국을 공격하거나 침공할 의사가 없다는 것을 확언하였다.
   대한민국은 자기의 령토내에 핵무기가 존재하지 않음을 확인하면서 1992년 조선반도 비핵화에 관한 공동선언에 따라 핵무기를 접수하거나 배비하지 않겠다는 공약을 재확언하였다. 1992년 조선반도 비핵화에 관한 공동선언은 준수되고 리행되여야 한다.
   조선민주주의인민공화국은 핵에네르기의 평화적 리용권리를 가지고 있다는 것을 천명하였다. 기타 참가국들은 이에 대한 존중을 표시하고 적절한 시기에 조선민주주의인민공화국에 경수로를 제공하는 문제를 토의하기로 합의하였다.
2. 6자는 호상관계에서 유엔헌장의 목적과 원칙들 그리고 공인된 국제관계 규범들을 준수하기로 하였다.
   조선민주주의인민공화국과 미합중국은 서로의 자주권을 존중하고 평화적으로 공존하며 쌍무적 정책들에 따라 관계정상화를 위한 조치를 취하기로 하였다.

조선민주주의인민공화국과 일본국은 평양선언에 따라 불행한 과거와 현안 우려사항들을 해결하는 기초우에서 관계정상화를 위한 조치들을 취하기로 하였다.

3. 6자는 에네르기, 무역, 투자분야에서 쌍무적 및 다무적 방법으로 경제적 협조를 추동할 것을 공약하였다.

   중화인민공화국, 일본국, 대한민국, 로씨야련방, 미합중국은 조선민주주의인민공화국에 에네르기 지원을 제공할 용의를 천명하였다.

   대한민국은 조선민주주의인민공화국에 대한 200만 키로와트의 전력 제공과 관련한 2005년 7월 12일 제안을 재확언하였다.

4. 6자는 동북아시아에서 항구적인 평화와 안정을 이룩하기 위하여 공동으로 노력할 것을 공약하였다.

   직접적인 당사국들은 적절한 별개의 연단에서 조선반도의 항구적인 평화체제를 수립하기 위한 협상을 진행할 것이다.

   6자는 동북아시아에서 안보와 협조를 도모하기 위한 방도와 수단들을 탐구할 것을 합의하였다.

5. 6자는 이상의 일치합의사항들을 '공약 대 공약', '행동 대 행동' 원칙에 따라 단계별로 리행하기 위한 조화로운 조치들을 취하기로 합의하였다.

6. 6자는 제5차 6자회담을 2005년 11월 상순 합의되는 날짜에 베이징에서 진행하기로 합의하였다.

2005년 9월 19일

베이징(끝)

# [남북해외합의자료] [6자회담합의]
## 9.19공동성명 이행을 위한 초기조치(전문): 2.13합의

9.19 공동성명 이행을 위한 초기조치(전문) /2007.2.13.

제5차 6자회담 3단계 회의가 베이징에서 중화인민공화국, 조선민주주의인민공화국, 일본, 대한민국, 러시아연방, 미합중국이 참석한 가운데, 2007년 2월 8일부터 13일까지 개최되었다.

우다웨이 중화인민공화국 외교부 부부장, 김계관 조선민주주의인민공화국 외무성 부상, 사사에 겐이치로 일본 외무성 아시아대양주 국장, 천영우 대한민국 외교통상부 한반도평화교섭본부장, 알렉산더 로슈코프 러시아 외무부 차관, 그리고 크리스토퍼 힐 미합중국 국무부 동아태 차관보가 각 대표단의 수석대표로 동회담에 참석하였다.

Ⅰ. 참가국들은 2005년 9월 19일 공동성명의 이행을 위해 초기단계에서 각국이 취해야 할 조치에 관하여 진지하고 생산적인 협의를 하

였다. 참가국들은 한반도 비핵화를 조기에 평화적으로 달성하기 위한 공동의 목표와 의지를 재확인하였으며, 공동성명상의 공약을 성실히 이행할 것이라는 점을 재확인하였다. 참가국들은 '행동 대 행동'의 원칙에 따라 단계적으로 공동성명을 이행하기 위해 상호 조율된 조치를 취하기로 합의하였다.

II. 참가국들은 초기단계에서 다음과 같은 조치를 병렬적으로 취하기로 합의하였다.

1. 조선민주주의인민공화국은 궁극적인 포기를 목적으로 재처리 시설을 포함한 영변 핵시설을 폐쇄, 봉인하고 IAEA와의 합의에 따라 모든 필요한 감시 및 검증 활동을 수행하기 위해 IAEA 요원을 복귀토록 초청한다.
2. 조선민주주의인민공화국은 9.19공동성명에 따라 포기하도록 되어 있는, 사용 후 연료봉으로부터 추출된 플루토늄을 포함한 공동성명에 명기된 모든 핵프로그램의 목록을 여타 참가국들과 협의한다.
3. 조선민주주의인민공화국과 미합중국은 양자간 현안을 해결하고 전면적인 외교관계로 나아가기 위한 양자대화를 개시한다. 미합중국은 조선민주주의인민공화국을 테러지원국 지정으로부터 해제하기 위한 과정을 개시하고, 조선민주주의인민공화국에 대한 대적성국 교역법 적용을 종료시키기 위한 과정을 진전시켜 나간다.
4. 조선민주주의인민공화국과 일본은 불행한 과거와 미결 관심 사안의 해결을 기반으로, 평양선언에 따라 양국관계 정상화를 취해

나가는 것을 목표로 양자대화를 개시한다.

5. 참가국들은 2005년 9월 19일 공동성명의 1조와 3조를 상기하면서, 조선민주주의인민공화국에 대한 경제, 에너지, 인도적 지원에 협력하기로 하였다. 이와 관련, 참가국들은 초기단계에서 조선민주주의인민공화국에 긴급 에너지 지원을 제공하기로 합의하였다. 중유 5만 톤 상당의 긴급 에너지 지원의 최초 운송은 60일 이내에 개시된다.

   참가국들은 상기 초기 조치들이 향후 60일 이내에 이행되며, 이러한 목표를 향하여 상호 조율된 조치를 취한다는 데 합의하였다.

III. 참가국들은 초기조치를 이행하고 공동성명의 완전한 이행을 목표로 다음과 같은 실무그룹(W/G)을 설치하는 데 합의하였다.

1. 한반도 비핵화
2. 미 · 북 관계정상화
3. 일 · 북 관계정상화
4. 경제 및 에너지 협력
5. 동북아 평화 · 안보 체제

   실무그룹들은 각자의 분야에서 9.19공동성명의 이행을 위한 구체적 계획을 협의하고 수립한다. 실무그룹들은 각각의 작업 진전에 관해 6자회담 수석대표 회의에 보고한다. 원칙적으로 한 실무그룹의 진전은 다른 실무그룹의 진전에 영향을 주지 않는다. 5개 실무그룹에서 만들어진 계획은 상호 조율된 방식으로 전체적으로 이행될 것이다.

참가국들은 모든 실무그룹 회의를 향후 30일 이내에 개최하는 데 합의하였다.

Ⅳ. 초기조치 기간 및 조선민주주의인민공화국의 모든 핵 프로그램에 대한 완전한 신고와 흑연감속로 및 재처리 시설을 포함하는 모든 현존하는 핵시설의 불능화를 포함하는 다음단계 기간중, 조선민주주의인민공화국에 최초 선적분인 중유 5만 톤 상당의 지원을 포함한 중유 100만 톤 상당의 경제, 에너지, 인도적 지원이 제공된다.
상기 지원에 대한 세부사항은 경제 및 에너지 협력 실무그룹의 협의와 적절한 평가를 통해 결정된다.

Ⅴ. 초기조치가 이행되는 대로 6자는 9.19공동성명의 이행을 확인하고 동북아 안보협력 증진방안 모색을 위한 장관급 회담을 신속하게 개최한다.

Ⅵ. 참가국들은 상호신뢰를 증진시키기 위한 긍정적인 조치를 취하고 동북아에서의 지속적인 평화와 안정을 위한 공동노력을 할 것을 재확인하였다. 직접 관련 당사국들은 적절한 별도 포럼에서 한반도의 항구적 평화체제에 관한 협상을 갖는다.

Ⅶ. 참가국들은 실무그룹의 보고를 청취하고 다음 단계 행동에 관한 협의를 위해 제6차 6자회담을 2007년 3월 19일에 개최하기로 합의하였다.(끝)

# 대북 지원부담의 분담에 관한 합의 의사록

중화인민공화국, 미합중국, 러시아연방, 대한민국은 각국 정부의 결정에 따라, II조 5항 및 IV조에 규정된 조선민주주의인민공화국에 대한 지원부담을 평등과 형평의 원칙에 기초하여 분담할 것에 합의하고, 일본이 자국의 우려사항이 다루어지는 대로 동일한 원칙에 따라 참여하기를 기대하며, 또 이 과정에서 국제사회의 참여를 환영한다.(끝)

# [남북해외합의자료] [6차 6자회담 2단계회의]
## 9.19공동성명 이행을 위한 제2단계 조치에 대한 합의문

9.19 공동성명 이행을 위한 제2단계 조치

제6차 6자회담 2단계 회의가 베이징에서 중국, 조선민주주의인민공화국, 일본, 대한민국, 러시아연방, 미국이 참석한 가운데 2007년 9월 27일부터 30일까지 개최되었다.

우다웨이 중국 외교부 부부장, 김계관 조선민주주의인민공화국 외무성 부상, 사사에 겐이치로 일본 외무성 아시아대양주국장, 천영우 대한민국 외교통상부 한반도평화교섭 본부장, 알렉산더 로슈코프 러시아 외무부 차관, 그리고 크리스토퍼 힐 미국 국무부 동아태 차관보가 각 대표단의 수석대표로 동회담에 참석했다.

우다웨이 부부장은 동회담의 의장을 맡았다.

참가국들은 5개 실무그룹의 보고를 청취, 승인하였으며 2.13합의 상의 초기조치 이행을 확인하였고 실무그룹회의에서 도달한 컨센서스에 따라 6자회담 과정을 진전시켜 나가기로 합의하였으며, 또한 평화적인 방법에 의한 한반도의 검증 가능한 비핵화를 목표로 하는 9.19 공동성명의 이행을 위한 제2단계 조치에 관한 합의에 도달하였다.

I. 한반도 비핵화

① 조선민주주의인민공화국은 9.19 공동성명과 2.13합의에 따라 포기하기로 되어 있는 모든 현존하는 핵시설을 불능화하기로 합의하였다.

영변의 5MW 실험용 원자로, 재처리시설(방사화학실험실) 및 핵연료봉 제조시설의 불능화는 2007년 12월 31일까지 완료될 것이다.

전문가 그룹이 권고하는 구체 조치들은 모든 참가국들에 수용가능하고, 과학적이고, 안전하고, 검증 가능하며, 또한 국제적 기준에 부합돼야 한다는 원칙들에 따라 수석대표들에 의해 채택될 것이다.

여타 참가국들의 요청에 따라 미국은 불능화 활동을 주도하고 이러한 활동을 위한 초기 자금을 제공할 것이다. 첫 번째 조치로서 미국은 불능화를 준비하기 위해 향후 2주내에 조선민주주의인민공화국을 방문할 전문가 그룹을 이끌 것이다.

② 조선민주주의인민공화국은 2.13합의에 따라 모든 자국의 핵프로그램에 대해 완전하고 정확한 신고를 2007년 12월 31일까지 하기로 합의하였다.

③ 조선민주주의인민공화국은 이어 핵물질, 기술 또는 노하우를 이전하지 않는다는 공약을 재확인했다.

II. 관련국간 관계 정상화

① 조선민주주의인민공화국과 미국은 양자관계를 개선하고 전면적 외교관계로 나아간다는 공약을 유지한다. 양측은 양자간 교류를 증대하고 상호 신뢰를 증진할 것이다. 조선민주주의인민공화국을 테러지원국 명단에서 삭제하기 위한 과정을 개시하고 또 조선민주주의인민공화국에 대한 대적성국 교역법 적용을 종료시키기 위한 과정을 진전시켜 나간다는 공약을 상기하면서 미국은 조·미 관계정상화 실무그룹 회의를 통해 도달한 컨센서스에 기초해 조선민주주의인민공화국의 조치들과 병렬적으로 조선민주주의인민공화국에 대한 공약을 완수할 것이다.

② 조선민주주의인민공화국과 일본은 불행한 과거 및 미결 관심사안의 해결을 기반으로, 평양 선언에 따라 양국 관계를 신속하게 정상화하기 위해 진지한 노력을 할 것이다. 조선민주주의인민공화국과 일본은 양측간의 집중적인 협의를 통해 이런 목적 달성을 위한 구체적인 조치를 취해 나갈 것을 공약하였다.

III. 조선민주주의인민공화국에 대한 경제, 에너지 지원

2.13합의에 따라, 중유 100만t 상당의 경제, 에너지, 인도적 지원(이미 전달된 10만t 중유 포함)이 조선민주주의인민공화국에 제공될 것이다. 구체 사항은 경제 및 에너지협력 실무그룹에서의 논의를 통해 최종

결정될 것이다.

IV. 6자 외교장관회담

참가국들은 적절한 시기에 베이징에서 6자 외교장관회담이 개최될 것임을 재확인하였다.

참가국들은 외교장관회담 이전에 동회담의 의제를 협의하기 위해 수석대표 회의를 개최하기로 합의했다.

# 남북관계 발전과 평화번영을 위한 선언
## (10.4 선언)

대한민국 노무현 대통령과 조선민주주의인민공화국 김정일 국방위원장 사이의 합의에 따라 노무현 대통령이 2007년 10월 2일부터 4일까지 평양을 방문하였다. 방문기간중 역사적인 상봉과 회담들이 있었다. 상봉과 회담에서는 6.15 공동선언의 정신을 재확인하고 남북관계발전과 한반도 평화, 민족공동의 번영과 통일을 실현하는 데 따르는 제반 문제들을 허심탄회하게 협의하였다. 쌍방은 우리민족끼리 뜻과 힘을 합치면 민족번영의 시대, 자주통일의 새 시대를 열어 나갈 수 있다는 확신을 표명하면서 6.15 공동선언에 기초하여 남북관계를 확대・발전시켜 나가기 위하여 다음과 같이 선언한다.

1. 남과 북은 6.15 공동선언을 고수하고 적극 구현해 나간다.

남과 북은 우리민족끼리 정신에 따라 통일문제를 자주적으로 해결해 나가며 민족의 존엄과 이익을 중시하고 모든 것을 이에 지향시켜 나가기로 하였다.

남과 북은 6.15 공동선언을 변함없이 이행해 나가려는 의지를 반영하여 6월 15일을 기념하는 방안을 강구하기로 하였다.

2. 남과 북은 사상과 제도의 차이를 초월하여 남북관계를 상호존중과 신뢰 관계로 확고히 전환시켜 나가기로 하였다.

남과 북은 내부문제에 간섭하지 않으며 남북관계 문제들을 화해와 협력, 통일에 부합되게 해결해 나가기로 하였다.

남과 북은 남북관계를 통일 지향적으로 발전시켜 나가기 위하여 각기 법률적 · 제도적 장치들을 정비해 나가기로 하였다.

남과 북은 남북관계 확대와 발전을 위한 문제들을 민족의 염원에 맞게 해결하기 위해 양측 의회 등 각 분야의 대화와 접촉을 적극 추진해 나가기로 하였다.

3. 남과 북은 군사적 적대관계를 종식시키고 한반도에서 긴장완화와 평화를 보장하기 위해 긴밀히 협력하기로 하였다.

남과 북은 서로 적대시하지 않고 군사적 긴장을 완화하며 분쟁문제들을 대화와 협상을 통하여 해결하기로 하였다.

남과 북은 한반도에서 어떤 전쟁도 반대하며 불가침의무를 확고히 준수하기로 하였다.

남과 북은 서해에서의 우발적 충돌방지를 위해 공동어로수역을 지정하고 이 수역을 평화수역으로 만들기 위한 방안과 각종 협력사업에 대한 군사적 보장조치 문제 등 군사적 신뢰구축조치를 협의하기 위하여 남측 국방부 장관과 북측 인민무력부 부장간 회담을 금년 11

월중에 평양에서 개최하기로 하였다.

4. 남과 북은 현 정전체제를 종식시키고 항구적인 평화체제를 구축해 나가야 한다는 데 인식을 같이하고 직접 관련된 3자 또는 4자 정상들이 한반도지역에서 만나 종전을 선언하는 문제를 추진하기 위해 협력해 나가기로 하였다.

   남과 북은 한반도 핵문제 해결을 위해 6자회담 · 9.19 공동성명과 2.13 합의가 순조롭게 이행되도록 공동으로 노력하기로 하였다.

5. 남과 북은 민족경제의 균형적 발전과 공동의 번영을 위해 경제협력사업을 공리공영과 유무상통의 원칙에서 적극 활성화하고 지속적으로 확대 발전시켜 나가기로 하였다.

   남과 북은 경제협력을 위한 투자를 장려하고 기반시설 확충과 자원개발을 적극 추진하며 민족내부협력사업의 특수성에 맞게 각종 우대조건과 특혜를 우선적으로 부여하기로 하였다.

   남과 북은 해주지역과 주변해역을 포괄하는 서해평화협력특별지대를 설치하고 공동어로구역과 평화수역 설정, 경제특구 건설과 해주항 활용, 민간선박의 해주직항로 통과, 한강하구 공동이용 등을 적극 추진해 나가기로 하였다.

   남과 북은 개성공업지구 1단계 건설을 빠른 시일 안에 완공하고 2단계 개발에 착수하며 문산—봉동간 철도화물 수송을 시작하고, 통행 · 통신 · 통관 문제를 비롯한 제반 제도적 보장조치들을 조속히 완비해 나가기로 하였다.

   남과 북은 개성—신의주 철도와 개성—평양 고속도로를 공동으로 이용하기 위해 개보수 문제를 협의 · 추진해 가기로 하였다.

남과 북은 안변과 남포에 조선협력단지를 건설하며 농업, 보건의료, 환경보호 등 여러 분야에서의 협력사업을 진행해 나가기로 하였다.

남과 북은 남북 경제협력사업의 원활한 추진을 위해 현재의 '남북경제협력추진위원회'를 부총리급 '남북경제협력공동위원회'로 격상하기로 하였다.

6. 남과 북은 민족의 유구한 역사와 우수한 문화를 빛내기 위해 역사, 언어, 교육, 과학기술, 문화예술, 체육 등 사회문화 분야의 교류와 협력을 발전시켜 나가기로 하였다.

남과 북은 백두산관광을 실시하며 이를 위해 백두산-서울 직항로를 개설하기로 하였다.

남과 북은 2008년 북경 올림픽경기대회에 남북응원단이 경의선 열차를 처음으로 이용하여 참가하기로 하였다.

7. 남과 북은 인도주의 협력사업을 적극 추진해 나가기로 하였다.

남과 북은 흩어진 가족과 친척들의 상봉을 확대하며 영상 편지 교환사업을 추진하기로 하였다.

이를 위해 금강산면회소가 완공되는 데 따라 쌍방 대표를 상주시키고 흩어진 가족과 친척의 상봉을 상시적으로 진행하기로 하였다.

남과 북은 자연재해를 비롯하여 재난이 발생하는 경우 동포애와 인도주의, 상부상조의 원칙에 따라 적극 협력해 나가기로 하였다.

8. 남과 북은 국제무대에서 민족의 이익과 해외 동포들의 권리와 이익을 위한 협력을 강화해 나가기로 하였다.

남과 북은 이 선언의 이행을 위하여 남북총리회담을 개최하기로 하고, 제1차 회의를 금년 11월중 서울에서 갖기로 하였다.

남과 북은 남북관계 발전을 위해 정상들이 수시로 만나 현안 문제들을 협의하기로 하였다.

2007년 10월 4일 평양

대한민국 대통령 노 무 현

조선민주주의인민공화국 국방위원장 김 정 일

# 통일직설

•

지은이 / 태종호
발행인 / 김영란
발행처 / 한누리미디어
디자인 / 지선숙

•

08303, 서울시 구로구 구로중앙로18길 40, 2층(구로동)
전화 / (02)379-4514
Fax / (02)379-4516
E-mail/hannury2003@hanmail.net

•

신고번호 / 제 25100-2016-000025호
신고연월일 / 2016. 4. 11
등록일 / 1993. 11. 4

•

초판발행일 / 2018년 1월 30일

•



•

값 15,000원

•



•

ISBN 978-89-7969-771-1 03390